Prom.-Nr. 2453

Knickung verwundener Stäbe unter Druck

Von der

Eidgenössischen Technischen Hochschule in Zürich

zur Erlangung der

Würde eines Doktors der Mathematik

genehmigte

Promotionsarbeit

vorgelegt von

Erich Hui

Eschenz (Thurgau)

Referent: Herr Prof. Dr. H. Ziegler

Korreferent: Herr Prof. Dr. H. Favre

Springer-Verlag Wien GmbH

1955

ISBN 978-3-662-23441-9 ISBN 978-3-662-25495-0 (eBook)
DOI 10.1007/978-3-662-25495-0

Lebenslauf.

Ich wurde am 20. Oktober 1925 geboren. In Eschlikon, wo meine Eltern einen Bauernhof bewirtschaften, besuchte ich Primar- und Sekundarschule. Im März 1945 erhielt ich nach fünfjährigem Besuch des Gymnasiums der Evangelischen Lehranstalt Schiers das Eidgenössische Maturitätszeugnis (Typus A). Im Herbst 1945 immatrikulierte ich mich an der Abteilung für Mathematik und Physik der Eidgenössischen Technischen Hochschule, wo ich mir im Oktober 1949 das Diplom als Mathematiker erwarb. Nach einjähriger Assistenzzeit bei Herrn Professor Dr. F. Gonseth wurde ich als Hauptlehrer für Mathematik und Physik an die Evangelische Lehranstalt Schiers gewählt. Seit dem Frühling 1954 bin ich dort beurlaubt zur Ausarbeitung der vorliegenden Dissertation.

Es ist mir eine angenehme Pflicht, an dieser Stelle allen Professoren der Eidgenössischen Technischen Hochschule, deren Vorlesungen, Übungen und Seminarien ich besucht habe, sowie den Behörden der Eidgenössischen Technischen Hochschule meinen Dank auszusprechen. Insbesondere bin ich Herrn Prof. Dr. H. Ziegler für die vielen wertvollen Ratschläge, die er mir bei der Verfassung dieser Arbeit in freundlicher Weise erteilt hat, zu großem Dank verpflichtet.

Meinen Eltern

in Dankbarkeit gewidmet

Inhaltsverzeichnis.

Nicht im Handel

Sonderabdruck aus Bd. IX, Heft 4, 1955

ÖSTERREICHISCHES INGENIEUR-ARCHIV

Schriftleiter: Prof. Dr. F. Magyar, Technische Hochschule Wien

Springer-Verlag, Wien I, Mölkerbastei 5

E. Hui:

Knickung verwundener Stäbe unter Druck.

Knickung verwundener Stäbe unter Druck.

Von E. Hui, Eschenz (Schweiz).

Mit 15 Textabbildungen.

I. Einleitung.

1. Problemstellung.

Ein gerader elastischer Stab habe für einen Querschnitt im allgemeinen zwei verschiedene Hauptträgheitsmomente, welche beide aber für alle Querschnitte gleich

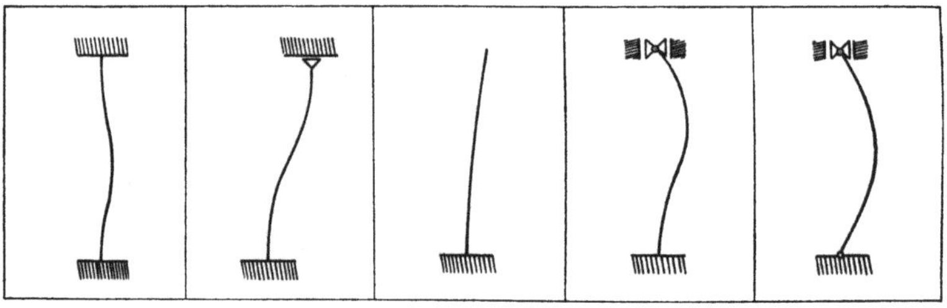

Abb. 1. Die fünf Knickfälle.

sind. Die Hauptachsen des Querschnittes seien im spannungslosen Zustand um einen festen Winkel je Längeneinheit des Stabes gegeneinander verdreht. Der Stab wird an beiden Enden durch eine in der Längsrichtung wirkende Kraft konstanten Betrages und konstanter Richtung auf Druck beansprucht.

Bei den fünf verschiedenen Arten der Lagerung des Stabes an den beiden Enden (Abb. 1) werden die Knicklasten berechnet und mit denen des unverwundenen Stabes verglichen. Ferner wird die elastische Linie beim Beginn der Knickung bestimmt.

2. Bemerkungen zum Problem.

Die Reaktionskräfte leisten in keinem der fünf Fälle Arbeit, falls die Lager als starr und reibungsfrei angesehen werden. Die inneren Kräfte sind konservativ, wenn von Dämpfungserscheinungen abgesehen wird. Da die Drucklast konstante Richtung hat, ist das Problem rein nichtgyroskopisch — s. [1], Seite 8 bis 10. Für die Bestimmung der kritischen Lasten, unter welchen der Stab ausknickt, kann dann die Gleichgewichtsmethode verwendet werden, wie es schon Euler in seiner grundlegenden Arbeit getan hat[2].

Im Falle des beidseitig gelenkig gelagerten Stabes (Fall 5) liegt die Lösung von H. Ziegler vor[3]. Im Abschnitt III, 4 wird die Abbildung teilweise von dort übernommen und mit den anderen Fällen diskutiert. Für den Fall des einseitig eingespannten Stabes (Fall 3) hat E. Lüscher eine Lösung veröffentlicht[4], die jedoch nicht richtig ist.

Ein ähnliches Problem ist das der Bestimmung der Eigenschwingungen einer verwundenen Welle. Einer Eigenfrequenz entspricht in unserem Problem eine kritische Last. Während bei den kritischen Lasten nur die kleinste, die Knicklast, eine praktische Bedeutung hat, sind alle Eigenfrequenzen wichtig. In [5] ist dieses Problem für den einseitig eingespannten Stab gelöst. Die Rechnung ist wesentlich verwickelter als in unserem Problem, die Resultate der beiden Probleme weisen Ähnlichkeiten auf. M. Anliker hat die Eigenfrequenzen für den Fall 4[6] bestimmt.

Für die theoretischen Grundlagen wird neben dem Lehrbuch für Mechanik von E. Meißner-H. Ziegler[7] vor allem auf zwei Arbeiten von H. Ziegler verwiesen[8, 9]. Kompliziertere Zwischenrechnungen in dieser Arbeit werden in einem Anhang zusammengefaßt. Im Text ist durch (A. 1) usw. darauf verwiesen.

II. Aufstellung und Lösung des Eigenwertproblems.

1. Koordinatensysteme.

Das vorliegende Problem kann in verschiedenen Koordinatensystemen behandelt werden, wovon vor allem die folgenden drei günstig sind (Abb. 2 bis 4):

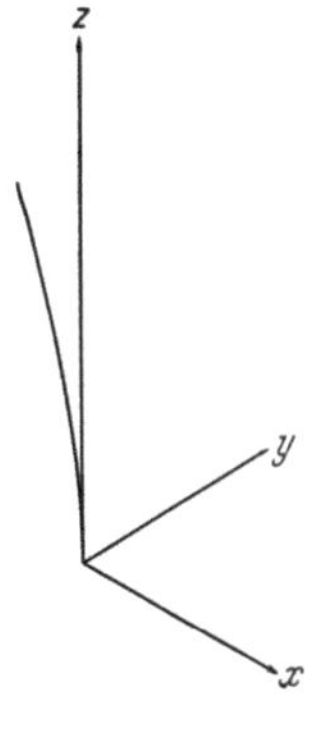

Abb. 2.

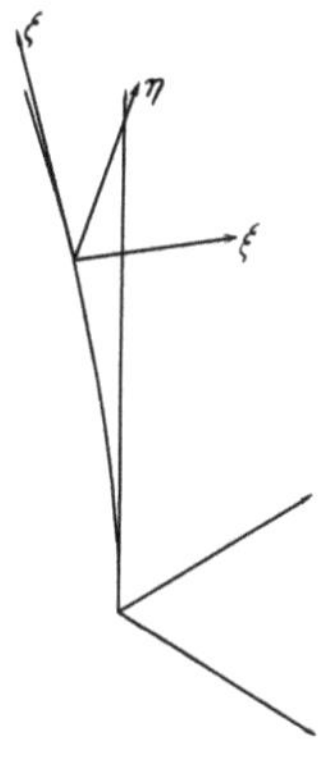

Abb. 3.

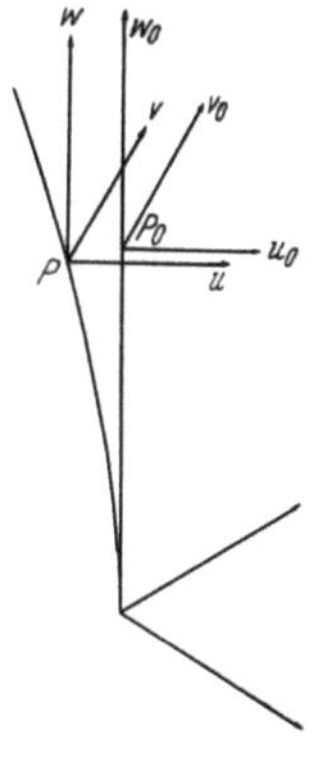

Abb. 4.

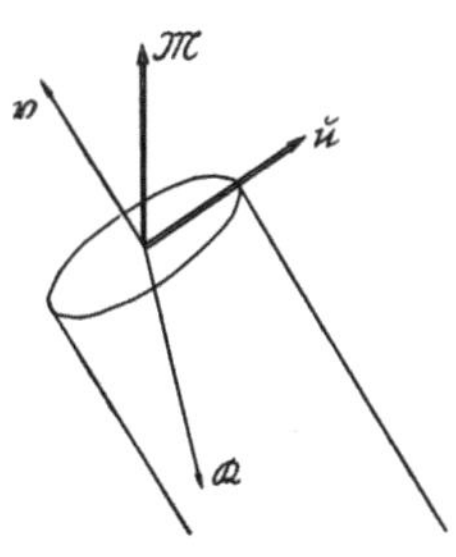

Abb. 5.

---

[1] H. Ziegler: Linear elastic stability. ZAMP Vol. 4. Basel: Birkhäuser. 1953.

[2] L. Euler: Histoire de l'Académie, Vol. 13. Berlin. 1757.

[3] H. Ziegler: Schweiz. Bau-Ztg. **66**, 483 (1948).

[4] E. Lüscher: Schweiz. Bau-Ztg. **71**, 172 (1953).

[5] A. Troesch, M. Anliker und H. Ziegler: Lateral vibrations of twisted rods. Quaterly of Applied mathematics, Vol. 12/2, July 1954.

[6] M. Anliker: Biegeschwingungen verwundener, einseitig eingespannter und am anderen Ende gelenkig gelagerter Stäbe. Diss. ETH. (Zürich: Leemann. 1955).

[7] E. Meißner-H. Ziegler: Lehrbuch der Mechanik, Bd. I, II, III. Basel: Birkhäuser. 1945, 1947, 1950.

[8] H. Ziegler: Knickung gerader Stäbe unter Torsion. ZAMP Vol. 3. Basel: Birkhäuser. 1952.

[9] H. Ziegler: Stabilitätsprobleme bei geraden Stäben und Wellen. ZAMP Vol. 2. Basel: Birkhäuser. 1951.

Das erste ist ein raumfestes Koordinatensystem. Die z-Achse fällt mit der Achse des unbelasteten Stabes zusammen, an einem Ende der Stabachse ist der Ursprung. Hier sind die Hauptrichtungen des Querschnittes die Richtungen der x- und y-Achse.

Das zweite ist das Hauptachsensystem. ξ- und η-Achse sind die Hauptachsen des Querschnittes, die ζ-Achse fällt mit der Tangente an die elastische Linie des Stabes im betreffenden Punkt zusammen.

Das dritte ist ein aufgerichtetes Hauptachsensystem. Im spannungslosen Zustand stimmt es mit dem Hauptachsensystem überein: $(\xi_0, \eta_0, \zeta_0) = (u_0, v_0, w_0)$. Wird der Stab belastet, so verschiebt sich der Punkt P_0 nach P, dem Ursprung des aufgerichteten Hauptachsensystems. Seine Achsen u, v, w bleiben parallel zu u_0, v_0, w_0 (Abb. 4).

2. Differentialgleichungen.

Als unabhängige Variable wird s, die vom unteren Ende des Stabes aus gemessene Bogenlänge der elastischen Linie, eingeführt. Die Dyname $(\mathfrak{k}, \mathfrak{M})$ stellt die Beanspruchung eines Querschnittes dar, bezogen auf den unteren Rand (Abb. 5). Wird eine kontinuierliche Belastung des Stabes (z. B. das eigene Gewicht) außer Betracht gelassen, so lauten die Gleichgewichtsbedingungen für das Stabelement ds

$$\frac{d\mathfrak{k}}{ds} = 0, \qquad \frac{d\mathfrak{M}}{ds} + \mathfrak{v} \times \mathfrak{k} = 0, \tag{1}$$

wobei $\mathfrak{v}$ der Tangentialeinheitsvektor ist.

Die elastische Deformation wird dargestellt durch den Vektor $\mathfrak{u}$. Die Komponenten von $\mathfrak{u}$ im Hauptachsensystem sind $\varkappa_\xi, \varkappa_\eta, \varkappa_\zeta$, welche Größen der Reihe nach die Krümmungen der elastischen Linie in den Ebenen (η, ζ) und (ξ, ζ) und der spezifische Torsionswinkel sind. Werden mit α und β die Biegesteifigkeiten für die Hauptachsen des Querschnittes — es sei immer $\alpha \leqslant \beta$ — und mit γ die Torsionssteifigkeit bezeichnet, so bestehen bei kleinen Deformationen die Beziehungen

$$M_\xi = \alpha \cdot \varkappa_\xi, \qquad M_\eta = \beta \cdot \varkappa_\eta, \qquad M_\zeta = \gamma \cdot \varkappa_\zeta. \tag{2}$$

Die Gl. (1) und (2) stellen ein System von neun skalaren Gleichungen dar, welche mit den Randbedingungen zusammen im Hauptachsensystem ($\mathfrak{v}$ konstant) die Komponenten von $\mathfrak{k}$, $\mathfrak{M}$ und $\mathfrak{u}$ bestimmen.

Bei unserem Problem greift kein äußeres Torsionsmoment an. Es ist also

$$M_z = 0$$

und damit in erster Näherung auch

$$M_\zeta = 0.$$

Nach der dritten Gleichung von (2) verschwindet auch $\varkappa_\zeta$. Beruft man sich jetzt darauf, daß der auf Druck beanspruchte Stab ursprünglich gerade ist, und daß die Untersuchung auf beliebig benachbarte Lagen beschränkt werden darf, so kann man K_ξ, K_η, M_ξ, M_η und nach (2) auch $\varkappa_\xi$ und $\varkappa_\eta$ als von erster Ordnung kleine Größen ansehen.

Die letzte der sechs Komponentengleichungen von (1) ergibt in allen drei in II, 1 erwähnten Koordinatensystemen eine Gleichung zwischen Größen, die von zweiter Ordnung klein sind [s. z. B. (4)]. Sie kann also für unser Problem als Identität weggelassen werden. Es bleiben also sieben Gleichungen, nämlich die ersten fünf von (1) und die ersten zwei von (2), welche mit den Randbedingungen zusammen im Hauptachsensystem ($\mathfrak{v}$ konstant) die fehlenden Komponenten von $\mathfrak{k}$, $\mathfrak{M}$ und $\mathfrak{u}$ bestimmen.

In der Wahl des Koordinatensystems zur Lösung des Gleichungssystems läßt man sich vor allem von der Art der Randbedingungen leiten. Im Fall 5 wird am vorteilhaftesten im Hauptachsensystem gerechnet, in allen übrigen Fällen im aufgerichteten

Hauptachsensystem. Da der Fall 5 im wesentlichen schon erledigt ist[3], genügt es, die Beziehungen im aufgerichteten Hauptachsensystem anzuschreiben.

Deutet man die Variable s als Zeit, so gleitet das aufgerichtete System mit der Schnelligkeit 1 der elastischen Linie entlang. Sein Bewegungszustand wird in erster Näherung durch die Translationsgeschwindigkeit $\mathfrak{v}$ und die Winkelgeschwindigkeit $\mathfrak{o}\,(0, 0, \omega_0)$ dargestellt. ω_0 ist dabei der bereits im unbelasteten Zustand vorhandene spezifische — das heißt auf die Längeneinheit bezogene — Verwindungswinkel. Vom Standpunkt des mitbewegten Beobachters aus müssen die wirklichen Ableitungen in Gl. (1) durch die (gestrichenen) scheinbaren ausgedrückt werden, und damit gehen die Gleichgewichtsbedingungen (1) über in

$$\frac{d'\mathfrak{k}}{ds} + \mathfrak{o} \times \mathfrak{k} = 0, \qquad \frac{d'\mathfrak{M}}{ds} + \mathfrak{o} \times \mathfrak{M} + \mathfrak{v} \times \mathfrak{k} = 0, \tag{3}$$

oder in Komponenten

$$\left.\begin{aligned} &K_u' - \omega_0 K_v &&= 0,\\ &K_v' + \omega_0 K_u &&= 0,\\ &K_w' &&= 0,\\ &M_u' - \omega_0 M_v + v_v K_w - v_w K_v &&= 0,\\ &M_v' + \omega_0 M_u + v_w K_u - v_u K_w &&= 0,\\ &M_w' \qquad\quad + v_u K_v - v_v K_u &&= 0, \end{aligned}\right\} \tag{4}$$

wobei die Striche die Ableitungen nach der Bogenlänge s der elastischen Linie bedeuten. Die Größen K_u, K_v, M_u, M_v, v_u und v_v sind von erster Ordnung klein. Nach der letzten Gleichung von (4) ist also M_w' von mindestens zweiter Ordnung klein, und diese Gleichung verschwindet in erster Näherung identisch (s. S. 290). Für v_w und K_w gilt in erster Näherung

$$v_w = 1, \qquad K_w = -D, \tag{5}$$

wobei D die Druckkraft ist.

Die Gl. (2) müssen vom Hauptachsensystem ins aufgerichtete System umgerechnet werden. Da sich die entsprechenden Achsenrichtungen nur um Winkel, die von erster Ordnung klein sind, unterscheiden, gilt für einen Vektor $\mathfrak{a}$, dessen Betrag von erster Ordnung klein ist,

$$a_\xi = a_u, \qquad a_\eta = a_v, \qquad a_\zeta = a_w.$$

Angewendet auf die Vektoren $\mathfrak{M}$ und $\mathfrak{u}$ wird aus (2)

$$M_u = \alpha \cdot \varkappa_u, \qquad M_v = \beta \cdot \varkappa_v. \tag{6}$$

Das Hauptachsensystem, in welchem $\mathfrak{v}$ konstant ist, dreht sich relativ zum aufgerichteten mit der Winkelgeschwindigkeit $\mathfrak{u} + \omega_0 \mathfrak{v} - \mathfrak{o}$. Also ist

$$\frac{d'\mathfrak{v}}{ds} = (\mathfrak{u} - \mathfrak{o}) \times \mathfrak{v},$$

oder für die Projektionen auf die u- und v-Achse

$$\begin{aligned} v_u' &= \varkappa_v + \omega_0 v_v,\\ v_v' &= -\varkappa_u - \omega_0 v_u. \end{aligned}$$

Damit geht (6) über in

$$\left.\begin{aligned} M_u &= -\alpha v_v' - \alpha \omega_0 v_u,\\ M_v &= \beta v_u' - \beta \omega_0 v_v. \end{aligned}\right\} \tag{7}$$

Die beiden ersten, die vierte und die fünfte Gleichung von (4) bilden mit (7) zusammen ein System von sechs linearen Differentialgleichungen für $M_u, M_v, K_u, K_v, v_u, v_v$. Eliminiert man M_u und M_v, so erhält man noch vier Gleichungen für K_u, K_v, v_u, v_v, nämlich

$$\left.\begin{aligned} &K_u' - \omega_0 K_v = 0, \\ &K_v' + \omega_0 K_u = 0, \\ &\beta v_u'' - (\alpha + \beta)\,\omega_0 v_v' + (D - \omega_0^2 \alpha)\, v_u + K_u = 0, \\ &\alpha v_v'' + (\alpha + \beta)\,\omega_0 v_u' + (D - \omega_0^2 \beta)\, v_v + K_v = 0. \end{aligned}\right\} \tag{8}$$

Aus den beiden ersten Gleichungen können K_u und K_v bestimmt werden. Man erhält

$$K_u = -A_1 \cos \omega_0 s - A_2 \sin \omega_0 s,$$
$$K_v = -A_2 \cos \omega_0 s + A_1 \sin \omega_0 s,$$

mit den Integrationskonstanten A_1 und A_2.

Setzt man diese Werte in die beiden letzten Gleichungen von (8) ein, so lauten diese

$$\left.\begin{aligned} &\beta v_u'' - (\alpha + \beta)\,\omega_0 v_v' + (D - \alpha\,\omega_0^2)\, v_u = A_1 \cos \omega_0 s + A_2 \sin \omega_0 s, \\ &\alpha v_v'' + (\alpha + \beta)\,\omega_0 v_u' + (D - \beta\,\omega_0^2)\, v_v = A_2 \cos \omega_0 s - A_1 \sin \omega_0 s. \end{aligned}\right\} \tag{9}$$

3. Randbedingungen.

Die Differentialgleichungen (9) stellen ein System von zwei linearen Differentialgleichungen zweiter Ordnung dar. Berücksichtigt man noch die Integrationskonstanten A_1 und A_2, so sieht man, daß sechs Randbedingungen nötig sind.

Bei einer eventuell normal zur ursprünglichen Achse verschiebbaren Einspannung ist

$$v_u = v_v = 0.$$

Bei der Lagerung mittels eines Kugelgelenkes ist

$$M_u = M_v = 0,$$

das heißt nach (7)

$$v_u' - \omega_0 v_v = v_v' + \omega_0 v_u = 0.$$

Wird das eine Ende des Stabes in der Richtung der ursprünglichen Achse geradlinig geführt, so ist

$$\int_0^l v_x\, ds = \int_0^l v_y\, ds = 0,$$

wobei v_x und v_y die Komponenten von $\mathfrak{v}$ in bezug auf das raumfeste Koordinatensystem sind. Auf das aufgerichtete Hauptachsensystem umgeschrieben, lauten sie

$$\int_0^l (v_u \cos \omega_0 s - v_v \sin \omega_0 s)\, ds = 0,$$

$$\int_0^l (v_u \sin \omega_0 s + v_v \cos \omega_0 s)\, ds = 0.$$

Ist aber der Stab an einem Ende entweder frei (Fall 3) oder normal zur ursprünglichen Achse frei verschiebbar (Fall 2), so ist dort

$$K_u = K_v = 0,$$

also

$$A_1 = A_2 = 0,$$

und das System (9) wird homogen.

4. Lösung des Eigenwertproblems.

Zur Vereinfachung werden in den Differentialgleichungen (9) und den Randbedingungen folgende Abkürzungen eingeführt:

$$t = \omega_0 s, \qquad \tau = \omega_0 l,$$

wobei t den Verwindungswinkel und τ die Gesamtverwindung darstellen. Die Ableitung nach t wird mit einem Punkt bezeichnet. Ferner sei

$$\mu = \frac{D}{\alpha \omega_0^2}, \quad \nu = \frac{D}{\beta \omega_0^2}, \quad \frac{\mu}{\nu} = \frac{\beta}{\alpha} = \varkappa = \frac{1}{\lambda} \geqslant 1, \quad C_1 = \frac{A_1}{\beta \omega_0^2}, \quad C_2 = \frac{A_2}{\beta \omega_0^2}. \tag{10}$$

Damit gehen die Differentialgleichungen (9) über in

$$\left.\begin{aligned} \ddot{v}_u - (\lambda + 1)\dot{v}_v + (\nu - \lambda) v_u &= C_1 \cos t + C_2 \sin t, \\ \ddot{v}_v + (\varkappa + 1)\dot{v}_u + (\mu - \varkappa) v_v &= \varkappa C_2 \cos t - \varkappa C_1 \sin t. \end{aligned}\right| \tag{11}$$

Die Randbedingungen lauten bei einer Einspannung

$$v_u = v_v = 0, \tag{12}$$

bei einem Gelenk

$$\dot{v}_u - v_v = \dot{v}_v + v_u = 0, \tag{13}$$

bei Geradführung

$$\left.\begin{aligned} \int_0^\tau (v_u \cos t - v_v \sin t)\, dt &= 0, \\ \int_0^\tau (v_u \sin t + v_v \cos t)\, dt &= 0. \end{aligned}\right\} \tag{14}$$

Die allgemeine Lösung des inhomogenen Systems Gl. (11) setzt sich zusammen aus der allgemeinen Lösung des zugehörigen homogenen Systems und einer partikulären Lösung des inhomogenen Systems.

Die allgemeine Lösung des homogenen Systems lautet:

$$\left.\begin{aligned} v_u &= a_1 \cos \sigma_1 t + a_2 \cos \sigma_2 t + \delta_1 b_1 \sin \sigma_1 t + \delta_2 b_2 \sin \sigma_2 t, \\ v_v &= b_1 \cos \sigma_1 t + b_2 \cos \sigma_2 t - \frac{a_1}{\delta_1} \sin \sigma_1 t - \frac{a_2}{\delta_2} \sin \sigma_2 t \end{aligned}\right\} \tag{15}$$

mit den Integrationskonstanten a_1, b_1, a_2, b_2 und den Größen

$$\sigma_{12}^2 = \frac{\mu + \nu}{2} + 1 \pm \sqrt{\left(\frac{\mu - \nu}{2}\right)^2 + 2(\mu + \nu)} \qquad \text{(A. 1)} \tag{16}$$

als Wurzeln der Frequenzgleichung

$$\sigma^4 - (\mu + \nu + 2)\sigma^2 + (\nu - 1)(\mu - 1) = 0,$$

und

$$\delta_{12} = \frac{(\lambda + 1)\sigma_{12}}{\sigma_{12} - \nu + \lambda} = \frac{\sigma_{12}^2 - \mu + \varkappa}{(\varkappa + 1)\sigma_{12}}. \tag{17}$$

Für σ_{12} führen beide Vorzeichen auf dieselbe Lösung für v_u und v_v, denn mit σ_{12} ändert auch δ_{12} das Vorzeichen, und damit bleiben v_u und v_v gleich. Die eine Wurzel σ_1 ist immer reell, die andere reell oder rein imaginär. Im letzteren Fall wird dann aber auch δ_2 rein imaginär, so daß die Lösungen v_u und v_v reell bleiben. Die reelle Gestalt tritt freilich erst dann in Erscheinung, wenn Hyperbelfunktionen eingeführt werden.

Als partikuläre Lösung der inhomogenen Gleichungen findet man zum Beispiel

$$\left.\begin{aligned} v_u &= \frac{C_1}{\nu} \cos t + \frac{C_2}{\nu} \sin t, \\ v_v &= \frac{C_2}{\nu} \cos t - \frac{C_1}{\nu} \sin t. \end{aligned}\right\} \qquad \text{(A. 2)}$$

Da aber die C_i — vorläufig noch unbestimmte — Integrationskonstanten sind, kann man auch

$$v_u = c_1 \cos t + c_2 \sin t,$$
$$v_v = c_2 \cos t - c_1 \sin t$$

setzen. Die allgemeine Lösung des inhomogenen Systems lautet dann

$$\left.\begin{aligned} v_u &= a_1 \cos \sigma_1 t + a_2 \cos \sigma_2 t + \delta_1 b_1 \sin \sigma_1 t + \delta_2 b_2 \sin \sigma_2 t + c_1 \cos t + c_2 \sin t, \\ v_v &= b_1 \cos \sigma_1 t + b_2 \cos \sigma_2 t - \frac{a_1}{\delta_1} \sin \sigma_1 t - \frac{a_2}{\delta_2} \sin \sigma_2 t + c_2 \cos t - c_1 \sin t, \end{aligned}\right\} \quad (18)$$

mit den Integrationskonstanten a_1, a_2, b_1, b_2, c_1, c_2 und den Werten σ_{12} und δ_{12} aus Gl. (16) und (17).

Um diese Integrationskonstanten zu bestimmen, setzt man die Ausdrücke für v_u und v_v von Gl. (18) in die Randbedingungen Gl. (12) bis (14) ein. Da die v_u und v_v homogene Funktionen der Integrationskonstanten sind, und da die Randbedingungen in v_u und v_v bzw. deren Ableitungen und Integralen homogen sind, sind diese Gleichungen in den Integrationskonstanten homogen. Da weiter die Zahl der Gleichungen mit der der Unbekannten übereinstimmt, erhält man dann und nur dann ein von Null verschiedenes Lösungssystem, wenn die Determinante des Gleichungssystems verschwindet. Es handelt sich also wirklich um ein Eigenwertproblem, wie das bei allen Knickproblemen der Fall ist. Nur für ganz bestimmte kritische Lasten verschwindet diese Determinante, und für jede dieser kritischen Lasten existiert eine spezielle gekrümmte Gleichgewichtslage des Stabes. Die kleinste dieser kritischen Lasten bzw. deren Verhältnis zur entsprechenden Eulerschen Knicklast — Knicklast beim unverwundenen Stab — ist gesucht.

Mit den Randbedingungen Gl. (12) für das untere Ende des Stabes können zwei der Integrationskonstanten durch die übrigen ersetzt werden. In den Fällen 2 und 3 bleiben dann nur noch zwei Gleichungen übrig, wenn man von $c_1 = c_2 = 0$ absieht. Die Determinanten der Gleichungssysteme heißen in den verschiedenen Fällen:

Fall 2:

$$\begin{vmatrix} \cos \sigma_1 \tau - \cos \sigma_2 \tau & \delta_1 \sin \sigma_1 \tau - \delta_1 \sin \sigma_2 \tau \\ -\frac{1}{\delta_1} \sin \sigma_1 \tau + \frac{1}{\delta_2} \sin \sigma_2 \tau & \cos \sigma_1 \tau - \cos \sigma_2 \tau \end{vmatrix} = 0$$

oder

$$\cos \sigma_1 \tau \cos \sigma_2 \tau + \frac{1}{2}\left(\frac{\delta_1}{\delta_2} + \frac{\delta_2}{\delta_1}\right) \sin \sigma_1 \tau \sin \sigma_2 \tau = 1. \qquad \text{(A. 3)} \quad (19)$$

Fall 3:

$$\begin{vmatrix} \left(\sigma_1 - \frac{1}{\delta_1}\right) \sin \sigma_1 \tau - \left(\sigma_2 - \frac{1}{\delta_2}\right) \sin \sigma_2 \tau & (\delta_1 \sigma_1 - 1) \cos \sigma_1 \tau - (\delta_2 \sigma_2 - 1) \cos \sigma_2 \tau \\ \left(\frac{\sigma_1}{\delta_1} - 1\right) \cos \sigma_1 \tau - \left(\frac{\sigma_2}{\delta_2} - 1\right) \cos \sigma_2 \tau & -(\sigma_1 - \delta_1) \sin \sigma_1 \tau + (\sigma_2 - \delta_2) \sin \sigma_2 \tau \end{vmatrix} = 0$$

oder

$$A \cos (\sigma_1 + \sigma_2) \tau + B \cos (\sigma_1 - \sigma_2) \tau = 1 \qquad \text{(A. 4)} \quad (20)$$

mit den Abkürzungen

$$A = \frac{1}{4}\left(-\frac{\sigma_1^2 - \mu + \varkappa}{\sigma_2^2 - \mu + \varkappa} \cdot \frac{\sigma_2^2 + \nu - 1}{\sigma_1^2 + \nu - 1} + \frac{\sigma_2^2 + \mu - 1}{\sigma_1^2 + \mu - 1} \cdot \frac{\sigma_1}{\sigma_2}\right)\left(\frac{\sigma_2^2 - \mu + \varkappa}{\sigma_1^2 - \mu + \varkappa} \cdot \frac{\sigma_1}{\sigma_2} - 1\right),$$

$$B = \frac{1}{4}\left(\frac{\sigma_1^2 - \mu + \varkappa}{\sigma_2^2 - \mu + \varkappa} \cdot \frac{\sigma_2^2 + \nu - 1}{\sigma_1^2 + \nu - 1} + \frac{\sigma_2^2 + \mu - 1}{\sigma_1^2 + \mu - 1} \cdot \frac{\sigma_1}{\sigma_2}\right)\left(\frac{\sigma_2^2 - \mu + \varkappa}{\sigma_1^2 - \mu + \varkappa} \cdot \frac{\sigma_1}{\sigma_2} + 1\right).$$

Bei den folgenden beiden Determinanten werden jeweilen nur die erste und zweite Kolonne hingeschrieben. Die dritte und vierte erhält man aus diesen, indem man überall den Index 1 durch den Index 2 ersetzt.

Fall 1:

$$\begin{vmatrix} \frac{\delta_1 - 1}{\sigma_1 + 1}\sin(\sigma_1 + 1)\tau + \\ \quad + \frac{\delta_1 + 1}{\sigma_1 - 1}\sin(\sigma_1 - 1)\tau - 2\,\delta_1\tau & \begin{matrix}\frac{\delta_1 - 1}{\sigma_1 + 1}[1 - \cos(\sigma_1 + 1)\tau] + \\ \quad + \frac{\delta_1 + 1}{\sigma_1 - 1}[1 - \cos(\sigma_1 - 1)\tau]\end{matrix} & \ldots \\ \frac{\delta_1 - 1}{\sigma_1 + 1}[1 - \cos(\sigma_1 + 1)\tau] - \\ \quad - \frac{\delta_1 + 1}{\sigma_1 - 1}[1 - \cos(\sigma_1 - 1)\tau] & \begin{matrix}-\frac{\delta_1 - 1}{\sigma_1 + 1}\sin(\sigma_1 + 1)\tau + \\ \quad + \frac{\delta_1 + 1}{\sigma_1 - 1}\sin(\sigma_1 - 1)\tau - 2\tau\end{matrix} & \ldots \\ \delta_1(\cos\sigma_1\tau - \cos\tau) & \delta_1\sin\sigma_1\tau - \sin\tau & \ldots \\ \sin\sigma_1\tau - \delta_1\sin\tau & -\cos\sigma_1\tau + \cos\tau & \ldots \end{vmatrix} = 0. \qquad \text{(A. 5)} \quad (21)$$

Fall 4:

$$\begin{vmatrix} \frac{\delta_1 - 1}{\sigma_1 + 1}\sin(\sigma_1 + 1)\tau + \\ \quad + \frac{\delta_1 + 1}{\sigma_1 - 1}\sin(\sigma_1 - 1)\tau - 2\,\delta_1\tau & \begin{matrix}\frac{\delta_1 - 1}{\sigma_1 + 1}[1 - \cos(\sigma_1 + 1)\tau] + \\ \quad + \frac{\delta_1 + 1}{\sigma_1 - 1}[1 - \cos(\sigma_1 - 1)\tau]\end{matrix} & \ldots \\ \frac{\delta_1 - 1}{\sigma_1 + 1}[1 - \cos(\sigma_1 + 1)\tau] - \\ \quad - \frac{\delta_1 + 1}{\sigma_1 - 1}[1 - \cos(\sigma_1 - 1)\tau] & \begin{matrix}-\frac{\delta_1 - 1}{\sigma_1 + 1}\sin(\sigma_1 + 1)\tau + \\ \quad + \frac{\delta_1 + 1}{\sigma_1 - 1}\sin(\sigma_1 - 1)\tau - 2\tau\end{matrix} & \ldots \\ (\sigma_1\delta_1 - 1)\sin\sigma_1\tau & -(\sigma_1\delta_1 - 1)\cos\sigma_1\tau & \ldots \\ (\sigma_1 - \delta_1)\cos\sigma_1\tau & (\sigma_1 - \delta_1)\sin\sigma_1\tau & \ldots \end{vmatrix} = 0. \qquad (22)$$

Damit für $\sigma_2^2 < 0$ die reelle Gestalt der beiden ersten Zeilen der dritten und vierten Kolonne der beiden letzten Determinanten in Erscheinung tritt, muß man sie, bevor man hyperbolische Funktionen einführt, mit Hilfe goniometrischer Additionstheoreme noch umformen. Vgl. Abschn. III, 3.

Ist bei festem τ eine kritische Last D — sie steckt in den Größen σ_1, σ_2, δ_1, δ_2, μ, ν — gefunden, dann existiert mindestens ein Lösungssystem der Integrationskonstanten, in welchem nicht alle Null sind. Ein gemeinsamer Faktor ist noch willkürlich. Man erhält dann eine nichttriviale Lösung $v_u | v_v$, indem man die Integrationskonstanten in Gl. (18) einsetzt.

5. Elastische Linie.

Um die elastische Linie zu erhalten, muß man durch eine Drehung des Vektors $\mathfrak{v}\,(t)$ um den Winkel $-t$ zum raumfesten Koordinatensystem übergehen, also

$$v_x = v_u \cdot \cos t - v_v \cdot \sin t,$$
$$v_y = v_u \cdot \sin t + v_v \cdot \cos t$$

setzen. Daraus ergibt sich

$$\left.\begin{aligned} x &= \int_0^s v_x\,ds = \frac{1}{\omega_0}\int_0^t v_x(t)\,dt, \\ y &= \int_0^s v_y\,ds = \frac{1}{\omega_0}\int_0^t v_y(t)\,dt, \\ z &= s \qquad\;\; = \frac{1}{\omega_0}\,t. \end{aligned}\right\} \qquad (23)$$

In der letzten Beziehung ist z durch s ersetzt worden, was in erster Näherung erlaubt ist.

Für $v_u(t)$ und $v_v(t)$ hat man in Gl. (23)

$$v_u = a_1 \cos \sigma_1 t + a_2 \cos \sigma_2 t + \delta_1 b_1 \sin \sigma_1 t + \delta_2 b_2 \sin \sigma_2 t + c_1 \cos t + c_2 \sin t,$$

$$v_v = b_1 \cos \sigma_1 t + b_2 \cos \sigma_1 t - \frac{a_1}{\delta_1} \sin \sigma_1 t - \frac{a_2}{\delta_2} \sin \sigma_2 t + c_2 \cos t - c_1 \sin t \qquad (18)$$

einzusetzen. Dabei sind die Integrationskonstanten a_1, a_2, b_1, b_2, c_1, c_2 berechnete, allerdings mit einem willkürlichen gemeinsamen Faktor behaftete Größen (vgl. Ende Abschn. II, 4).

Dann lauten die Parametergleichungen (23) für die elastische Linie:

$$\left.\begin{aligned}
x = {} & \frac{a_1}{\delta_1}\left(\frac{\delta_1 - 1}{\sigma_1 + 1} \sin(\sigma_1 + 1)t + \frac{\delta_1 + 1}{\sigma_1 - 1} \sin(\sigma_1 - 1)t\right) + \\
& + b_1\left(\frac{\delta_1 - 1}{\sigma_1 + 1}[1 - \cos(\sigma_1 + 1)t] + \frac{\delta_1 + 1}{\sigma_1 - 1}[1 - \cos(\sigma_1 - 1)t]\right) + \\
& + \frac{a_2}{\delta_2}\left(\frac{\delta_2 - 1}{\sigma_2 + 1} \sin(\sigma_2 + 1)t + \frac{\delta_2 + 1}{\sigma_2 - 1} \sin(\sigma_2 - 1)t\right) + \\
& + b_2\left(\frac{\delta_2 - 1}{\sigma_2 + 1}[1 - \cos(\sigma_2 + 1)t] + \frac{\delta_2 + 1}{\sigma_2 - 1}[1 - \cos(\sigma_2 - 1)t]\right) + 2c_1 t, \\
y = {} & \frac{a_1}{\delta_1}\left(\frac{\delta_1 - 1}{\sigma_1 + 1}[1 - \cos(\sigma_1 + 1)t] - \frac{\delta_1 + 1}{\sigma_1 - 1}[1 - \cos(\sigma_1 - 1)t]\right) + \\
& + b_1\left(-\frac{\delta_1 - 1}{\sigma_1 + 1} \sin(\sigma_1 + 1)t + \frac{\delta_1 + 1}{\sigma_1 - 1} \sin(\sigma_1 - 1)t\right) + \\
& + \frac{a_2}{\delta_2}\left(\frac{\delta_2 - 1}{\sigma_2 + 1}[1 - \cos(\sigma_2 + 1)t] - \frac{\delta_2 + 1}{\sigma_2 - 1}[1 - \cos(\sigma_2 - 1)t]\right) + \\
& + b_2\left(-\frac{\delta_2 - 1}{\sigma_2 + 1} \sin(\sigma_2 + 1)t + \frac{\delta_2 + 1}{\sigma_2 - 1} \sin(\sigma_2 - 1)t\right) + 2c_2 t, \\
z = {} & \frac{1}{\omega_0} t,
\end{aligned}\right\} \qquad \begin{gathered}(24)\\ \text{(vgl. A. 5)}\end{gathered}$$

wobei gemeinsame Faktoren von x und y weggelassen sind.

III. Numerische Lösung des Problems.

Da die numerische Rechnung in allen Fällen im Prinzip gleich verläuft, wird jeweilen nur ein Beispiel herausgegriffen.

1. Eulersche Knicklast.

Statt die Knicklast selbst zu berechnen, ist es anschaulicher, sie mit der entsprechenden Eulerschen Knicklast des unverwundenen Stabes zu vergleichen. Diese Eulersche Knicklast kann mit Hilfe der Eulerschen Knickformel ([7], Bd. 1, Seite 307) bestimmt werden. Man kann sie aber auch als Spezialfall unseres Problems gewinnen.

Läßt man die Verwindung τ gegen 0 streben, so konvergiert die Knicklast im allgemeinen gegen die Eulersche Knicklast. Indessen sind dann die Ausnahmen in Abschn. III, 3 zu berücksichtigen. Die folgende Methode ist einfacher und führt immer zum Ziel:

Setzt man die beiden Biegesteifigkeiten α und β des Querschnittes einander gleich, so werden die Hauptrichtungen unbestimmt, und die Verwindung bleibt ohne Einfluß auf die Knicklast. Diese muß also von τ unabhängig sein und ist gleich der Eulerschen.

Ist also

$$\alpha = \beta,$$

so ist nach Gl. (10)

$$\mu = \nu, \qquad \lambda = \varkappa = 1,$$

und nach Gl. (16) und (17)

$$\sigma_{12} = \sqrt{\nu} \pm 1, \qquad \delta_{12} = \pm 1.$$

Als Beispiel wird der Fall 1 behandelt. Die Determinantengleichung (21) wird dann

$$\Delta = \begin{vmatrix} \frac{1}{\sqrt{\nu}} \sin \sqrt{\nu}\,\tau - \tau & \frac{1}{\sqrt{\nu}} (1 - \cos \sqrt{\nu}\,\tau) & -\frac{1}{\sqrt{\nu}} \sin \sqrt{\nu}\,\tau + \tau & -\frac{1}{\sqrt{\nu}} (1 - \cos \sqrt{\nu}\,\tau) \\ -\frac{1}{\sqrt{\nu}} (1 - \cos \sqrt{\nu}\,\tau) & \frac{1}{\sqrt{\nu}} \sin \sqrt{\nu}\,\tau - \tau & -\frac{1}{\sqrt{\nu}} (1 - \cos \sqrt{\nu}\,\tau) & \frac{1}{\sqrt{\nu}} \sin \sqrt{\nu}\,\tau - \tau \\ \cos \sigma_1 \tau - \cos \tau & \sin \sigma_1 \tau - \sin \tau & -\cos \sigma_2 \tau + \cos \tau & -\sin \sigma_2 \tau - \sin \tau \\ \sin \sigma_1 \tau - \sin \tau & -\cos \sigma_1 \tau + \cos \tau & \sin \sigma_2 \tau + \sin \tau & -\cos \sigma_2 \tau + \cos \tau \end{vmatrix} = 0.$$

Führt man noch die Abkürzung

$$x = \sqrt{\nu}\,\tau$$

ein, so kann man die Determinantengleichung auf die Form

$$\Delta = \frac{64}{\nu} \sin^2 \frac{x}{2} \left(\sin \frac{x}{2} - \frac{x}{2} \cos \frac{x}{2} \right)^2 = 0 \qquad \text{(A. 6)} \quad (25)$$

bringen. Setzt man eine Wurzel dieser Gleichung in

$$D = \varkappa\, \omega_0^2\, \nu = \varkappa \frac{x^2}{l^2} \qquad (10)$$

ein, so erhält man eine kritische Last. Die kleinste erhält man offenbar mit dem kleinsten von Null verschiedenen x, hier

$$x = 2\,\pi.$$

Die Eulersche Knicklast ist also

$$D_E = \frac{4\,\pi^2 \cdot \varkappa}{l^2}. \qquad (26)$$

Schreibt man die Knicklast beim verwundenen Stab in der Form

$$D = k \cdot D_E \qquad (27)$$

an, so erhält man mit Hilfe von Gl. (10) für k die Formel

$$k = \frac{\mu\,\tau^2}{4\,\pi^2}.$$

Der Faktor k kann nach Gl. (27) als Maßzahl für die Größe der Knicklast D betrachtet werden, gemessen mit der zugehörigen Eulerschen Knicklast als Einheit. k ist ein Maß für den Einfluß der Verwindung auf die Knicklast.

Bei einem Stab mit der Gesamtverwindung τ ist μ durch die kritische Last D bestimmt [vgl. Gl. (10)]. Diese ist abhängig von τ, also ist auch $\mu = \mu(\tau)$.

Die Formel für k lautet allgemein

$$k = \frac{\mu\,\tau^2}{\eta\,\pi^2} \qquad (28)$$

mit der Größe η

Fall	1	2	3	4	5
η	4	1	0,25	2,046	1

Vgl. hierzu Tafel 19, Seite 33 von [1].

2. Knicklast für große Verwindungen.

Aus physikalischen Gründen bleibt auch bei beliebig großer Verwindung τ die Knicklast D und damit k endlich. Nach Gl. (28) strebt also für $\tau \to \infty$ die Größe μ gegen Null, und zwar so, daß

$$\lim_{\tau \to \infty} \sqrt{\mu}\, \tau \tag{29}$$

endlich bleibt. Wegen Gl. (10) hat ν die gleiche Größenordnung wie μ. Für die Größen σ_{12} und δ_{12} gelten die Reihenentwicklungen

$$\sigma_{12} = 1 + N_{12} + \dots,$$

$$\delta_{12} = 1 + \frac{\lambda - 1}{\lambda + 1} N_{12} + \dots, \tag{30}$$

wobei

$$N_{12} = \pm \sqrt{\frac{\mu + \nu}{2}} \qquad \text{(A. 7)}$$

ist. Nach Gl. (29) ist

$$x = \lim_{\tau \to \infty} N_1 \tau \tag{31}$$

endlich. Diese Reihenentwicklungen hat man in die Determinanten von Gl. (19) bis (22) einzusetzen und die Gleichungen nach x aufzulösen. Mit der Gl. (28) läßt sich dann das gesuchte k berechnen.

Die Rechnung wird durchgeführt für den Fall 4. Die Determinantengleichung geht dann über in

$$\Delta = \frac{16\lambda}{(\lambda+1)^2} \cdot \begin{vmatrix} \sin x - x & 1 - \cos x & \sin x - x & -(1 - \cos x) \\ -(1 - \cos x) & \sin x - x & 1 - \cos x & \sin x - x \\ \sin \sigma_1 \tau & -\cos \sigma_1 \tau & -\sin \sigma_2 \tau & \cos \sigma_2 \tau \\ \cos \sigma_1 \tau & \sin \sigma_1 \tau & -\cos \sigma_2 \tau & -\sin \sigma_2 \tau \end{vmatrix} = 0.$$

Indem man diese Determinante nach den beiden ersten Zeilen entwickelt, kann man auch σ_1 und σ_2 noch durch x ersetzen, und es bleibt

$$\Delta = \frac{64\lambda}{(1+\lambda)^2} (\sin x - x \cos x)^2 = 0. \qquad \text{(A. 8)} \quad (32)$$

Dann ist für eine Wurzel dieser Gleichung nach Gl. (28) und (31)

$$k = \frac{2\varkappa}{1+\varkappa} \cdot \frac{x^2}{2{\cdot}046\,\pi^2}.$$

Für die kleinste kritische Last muß also die kleinste Wurzel x, die ein $k \geqq 1$ ergibt, eingesetzt werden. Es ist dann

$$k = \frac{2\varkappa}{1+\varkappa}. \tag{33}$$

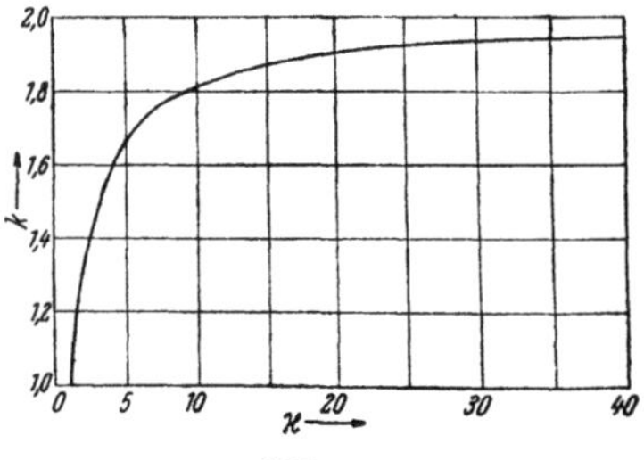

Abb. 6.

$\varkappa$	k
1	1
2	$^4/_3$
5	$^5/_3$
∞	2

Man erhält in allen fünf Fällen dieselbe Gl. (33). Die Abb. 6 zeigt k, welches den Einfluß der Verwindung auf die Knicklast angibt, als Funktion von $\varkappa$, dem Verhältnis der beiden Hauptträgheitsmomente des Querschnittes.

3. Knicklast für kleine Verwindungen.

Im allgemeinen wird bei kleiner Verwindung die Knicklast nur wenig von der Eulerschen abweichen. Für eine endliche Schlankheit des Stabquerschnittes ist dies aus Stetigkeitsgründen immer der Fall, nicht aber zum vornherein für den Grenzfall der unendlichen Schlankheit $\varkappa = \infty$; denn die beiden Grenzübergänge $\tau \to 0$ und $\varkappa \to \infty$ brauchen nicht vertauschbar zu sein. Es ist in jedem Fall

$$\lim_{\varkappa \to \infty} \lim_{\tau \to 0} k = 1.$$

Aber es wird sich zeigen, daß

$$\lim_{\tau \to 0} \lim_{\varkappa \to \infty} k$$

verschieden von 1 sein kann. Da

$$\lim_{\tau \to 0} k$$

endlich bleibt, strebt nach Gl. (28) μ gegen ∞, und zwar so, daß $\sqrt{\mu}\,\tau$ endlich bleibt. Es sei

$$x = \lim_{\tau \to 0} \sqrt{\mu}\,\tau.$$

Die Größen σ_{12} und δ_{12} müssen nach τ in eine Reihe entwickelt werden und diese Entwicklungen in die Determinanten von Gl. (19) bis (22) eingesetzt werden. Ähnlich wie in Abschn. III, 2 kann aus diesen Gleichungen dann x und daraus k berechnet werden. Die Rechnung ist aber wesentlich komplizierter.

Als Beispiel soll der Fall 1 bei unendlicher Schlankheit des Querschnittes besprochen werden.

Für den Grenzfall unendlicher Schlankheit — vgl. dazu Abschn. III, 6 — ist in allen Formeln

$$\varkappa = \infty, \qquad \nu = \lambda = 0$$

zu setzen. Nun ist aber für $\mu > 1$ die Frequenz σ_2 imaginär, so daß bei der Determinante Gl. (21) in der dritten und vierten Kolonne hyperbolische Funktionen eingeführt werden müssen, damit die Gestalt reell bleibt. Mit den Größen

$$\sigma_{12}^2 = 1 + \frac{\mu}{2} \pm \sqrt{\left(\frac{\mu}{2}\right)^2 + 2\mu}, \quad \delta_{12} = \frac{1}{\sigma_{12}}, \quad a_1 = \frac{2}{\sigma_1^2 - 1}, \quad b_1 = -\frac{\sigma_1 + \delta_1}{\sigma_1^2 - 1},$$

$$\bar{\sigma}_2 = -i\,\sigma_2, \quad \bar{\delta}_2 = -i\,\delta_2, \quad \bar{a}_2 = \frac{2}{-\bar{\sigma}_2^2 - 1}, \quad \bar{b}_2 = -\frac{\bar{\sigma}_2 + \bar{\delta}_2}{-\bar{\sigma}_2^2 - 1}$$

lautet die Gleichung

$$\begin{vmatrix} a_1 \sin\sigma_1\tau\cos\tau + b_1\cos\sigma_1\tau\sin\tau - \delta_1\tau & a_1(1-\cos\sigma_1\tau\cos\tau) + b_1\sin\sigma_1\tau\sin\tau & \bar{a}_2\,\mathrm{Sh}\,\bar{\sigma}_2\tau\cos\tau + \bar{b}_2\,\mathrm{Ch}\,\bar{\sigma}_2\tau\sin\tau - \bar{\delta}_2\tau & \bar{a}_2(1-\mathrm{Ch}\,\bar{\sigma}_2\tau\cos\tau) - \bar{b}_2\,\mathrm{Sh}\,\bar{\sigma}_2\tau\sin\tau \\ b_1(1-\cos\sigma_1\tau\cos\tau) + a_1\sin\sigma_1\tau\sin\tau & -b_1\sin\sigma_1\tau\cos\tau - a_1\cos\sigma_1\tau\sin\tau - \tau & \bar{b}_2(1-\mathrm{Ch}\,\bar{\sigma}_2\tau\cos\tau) + \bar{a}_2\,\mathrm{Sh}\,\bar{\sigma}_2\tau\sin\tau & \bar{b}_2\,\mathrm{Sh}\,\bar{\sigma}_2\tau\cos\tau - \bar{a}_2\,\mathrm{Ch}\,\bar{\sigma}_2\tau\sin\tau - \tau \\ \delta_1(\cos\sigma_1\tau - \cos\tau) & \delta_1\sin\sigma_1\tau - \sin\tau & \bar{\delta}_2(\mathrm{Ch}\,\bar{\sigma}_2\tau - \cos\tau) & -\bar{\delta}_2\,\mathrm{Sh}\,\bar{\sigma}_2\tau - \sin\tau \\ \sin\sigma_1\tau - \delta_1\sin\tau & -\cos\sigma_1\tau + \cos\tau & \mathrm{Sh}\,\bar{\sigma}_2\tau - \bar{\delta}_2\sin\tau & -\mathrm{Ch}\,\bar{\sigma}_2\tau + \cos\tau \end{vmatrix} = 0.$$

(A. 9) (34)

Für die Reihenentwicklungen erhält man

$$\left.\begin{aligned}\sigma_1 &= \frac{x}{\tau} + \frac{3\tau}{2x} + \ldots, \\ \bar{\sigma}_2 &= 1 - \frac{2\tau^2}{x^2} + \frac{6\tau^4}{x^4} + \ldots, \\ \delta_1 &= \frac{\tau}{x} - \frac{3\tau^3}{2x^3} + \ldots, \\ \bar{\delta}_2 &= -1 - \frac{2\tau^2}{x^2} + \frac{2\tau^4}{x^4} + \ldots.\end{aligned}\right\} \qquad (A.\,10) \quad (35)$$

Nach einigen Zwischenrechnungen kann man die Determinantengleichung auf die Form

$$\left[\operatorname{tg}\frac{x}{2} - \frac{60x - x^3}{12(10 - x^2)}\right] \cdot \left[\operatorname{tg}\frac{x}{2} - \frac{6x}{12 - x^2}\right] = 0 \qquad (A.\,11) \quad (36)$$

reduzieren. Gesucht ist wieder das kleinste x, welches ein $k \geqq 1$ ergibt. Es annulliert den zweiten Faktor und ist

$$x = 11{\cdot}527 \qquad (A.\,12)$$

und ergibt

$$k = \frac{x^2}{4\pi^2} = 3{\cdot}366.$$

Die Resultate für die übrigen Fälle sind aus den Abbildungen in Abschn. III, 4 ersichtlich.

4. Durchführung der numerischen Rechnung. Ergebnisse.

Für den Stab sind die Größen α, β, ω_0 und τ gegeben. Damit ist auch das Verhältnis $\mu : \nu = \varkappa$ festgelegt, nicht aber μ und ν allein, diese sind noch von der Last D abhängig. Für das Verhältnis $\varkappa$ ist in den numerischen Auswertungen $\varkappa = 1$, 2, 5 und ∞ berücksichtigt worden.

Zu gegebenem τ wird μ wie folgt bestimmt: Man nimmt ein approximatives k an und berechnet nach Gl. (28) das zugehörige μ. Daraus werden σ_1, σ_2, δ_1, δ_2 ermittelt und damit erhält man die linken Seiten der Gl. (19) bis (22). Durch graphische Interpolation wird μ so gewählt, daß diese den Wert 1 bzw. 0 annehmen.

Statt zu gegebenem τ das kleinste μ zu bestimmen, das einer der Gl. (19) bis (22) genügt, geht man im allgemeinen einfacher so vor, daß man bei beliebig gewähltem $\mu > 0$ — und damit beliebiger Last D — das kleinste τ sucht, das die erwähnten Gleichungen erfüllt und damit die durch μ beliebig gewählte Last D zur gesuchten kritischen Last macht. μ wird also als unabhängige Variable betrachtet und τ als Funktion von μ. Für τ erhält man eine komplizierte Gleichung, die man für viele μ zu lösen hat. Es ist auch hier am vorteilhaftesten, für τ approximative Wurzeln einzusetzen und die linken Seiten der Gl. (19) bis (22) zu berechnen. Graphische Interpolation führt zum gesuchten τ. Für die Bestimmung der Knicklast ist das kleinste τ zu berechnen, für die Ermittlung der höheren kritischen Lasten die entsprechenden größeren τ.

Aus μ und τ erhält man nach der Gl. (28) die Größe k. Für den Fall 5 ist die Rechnung durchgeführt für die ersten vier kritischen Lasten (vgl. Abb. 11). Für die Fälle 1 bis 4 ist das Resultat der Berechnung der Knicklast dargestellt in den Abb. 7 bis 10.

Als Rechenhilfsmittel sind Tafeln für vierstellige Funktionswerte der goniometrischen Funktionen und Tafeln für fünfstellige Logarithmen zur Berechnung der hyperbolischen Funktionen benützt worden. In einigen Fällen mußten siebenstellige Tafeln zu Hilfe gezogen werden. Die numerischen Rechnungen wurden durchgeführt mit einer Handrechenmaschine, System Curta.

Es ist bemerkenswert, daß die Länge des Stabes keinen Einfluß hat auf k, welche Größe das Verhältnis der Knicklast des um den Winkel τ verwundenen Stabes zur entsprechenden Eulerschen Knicklast darstellt.

Vom Querschnitt gehen in dieser Näherung lediglich die Trägheitsmomente in die Formeln ein, wie dies übrigens auch für die Knicklast selber der Fall ist.

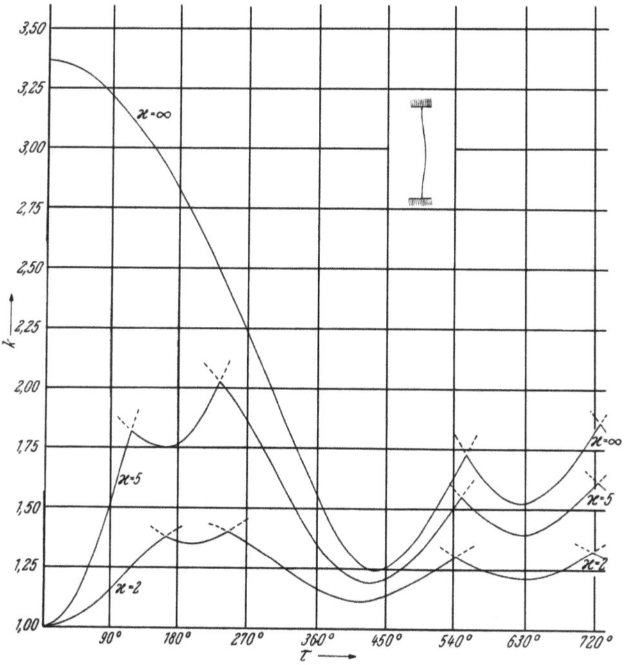

Abb. 7. Die Knicklast k als Funktion der Verwindung τ im Fall 1[10].

Die Resultate der Berechnungen werden nun an Hand der Abb. 7 bis 11 diskutiert:

In allen Fällen wird durch die Verwindung des Stabes die Knicklast größer, und zwar um so mehr, je schlanker der Querschnitt ist. Aber nur im Fall 3 des einseitig eingespannten Stabes (Abb. 9) ist die Knicklast eine monoton wachsende Funktion der Verwindung. Beim unverwundenen Stab hängt die Knicklast nur vom kleineren Hauptträgheitsmoment des Querschnittes ab, beim verwundenen aber von beiden. Deswegen ist es plausibel, daß bei Stäben mit großem Verhältnis der Hauptträgheitsmomente des Querschnittes die Verwindung größeren Einfluß auf die Knicklast hat als bei solchen mit wenig schlankem Querschnitt.

Aus Gründen der Stetigkeit erhält man bei endlicher Schlankheit des Querschnittes durch den Grenzübergang $\tau \to 0$ eine kritische Last des unverwundenen Stabes. Bei zunehmendem τ wächst am Anfang die erste kritische Last, während die zweite abnimmt. In allen Knickfällen streben die beiden gegen den gleichen Grenzwert, der durch die Gl. (33) gegeben ist. In den Fällen 1, 2 und 5, in denen die Randbedingungen an den beiden Enden des Stabes gleich sind, unterschreitet die zweite

10. Als Einheit der Knicklast ist die Knicklast des entsprechenden unverwundenen Stabes gewählt.

kritische Last für gewisse Bereiche von τ die erste, in den Fällen 3 und 4 ist die erste kritische Last immer die Knicklast.

Diese Resultate sind vor allem für Stäbe mit wenig schlankem Querschnitt, für welche also $\varkappa$ nur um wenig größer als 1 ist, plausibel. Man betrachte, um die Ideen

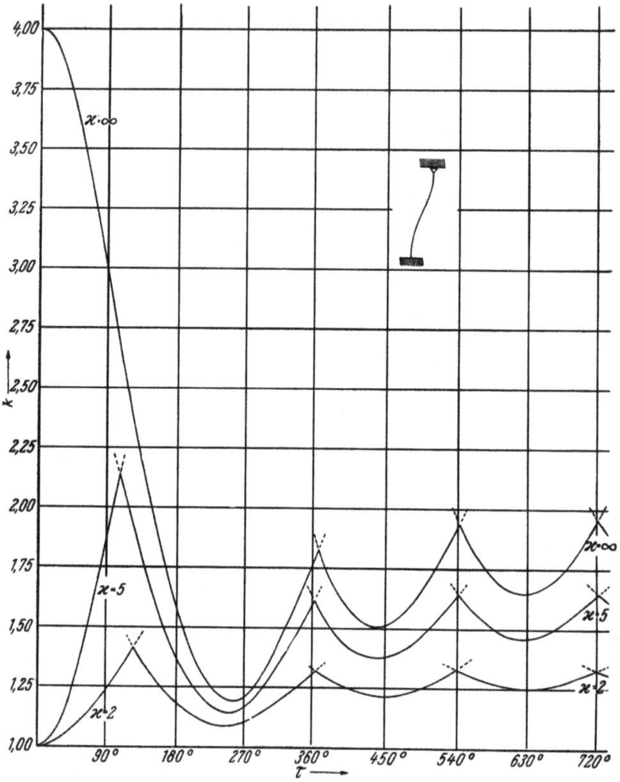

Abb. 8. Die Knicklast k als Funktion der Verwindung τ im Fall 2[10].

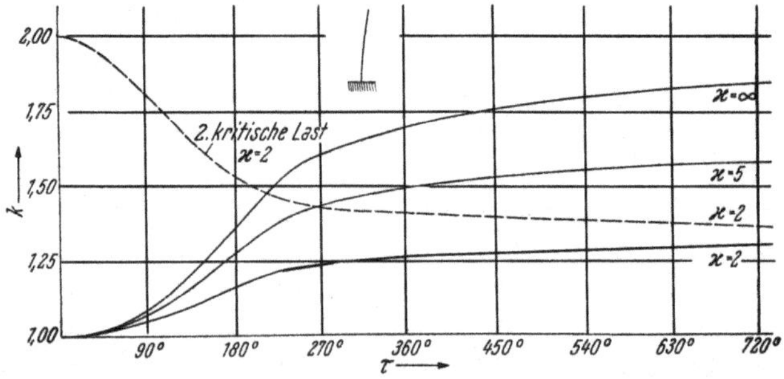

Abb. 9. Die Knicklast k als Funktion der Verwindung τ im Fall 3[10].

zu fixieren, die Abb. 9 und 11 für $\varkappa = 2$. Die zweite kritische Last des unverwundenen Stabes ist doppelt so groß wie die erste. Sie „gehört“ zur Biegesteifigkeit β für die zweite Hauptachse des Querschnittes. Ist die Verwindung sehr groß, so nehmen die Hauptachsen des Querschnittes im Mittel jede Richtung der Querschnittsebene gleich oft an, die große und die kleine Hauptachse haben also im Mittel keine bevorzugte

Richtung. Darum konvergieren auch die ersten kritischen Lasten für die beiden Hauptachsen mit zunehmender Verwindung gegen denselben Grenzwert.

Ebenso ist die Tatsache, daß bei den symmetrischen Fällen 1, 2 und 5 zwei kritische Lasten mit demselben Grenzwert für große τ bei annähernd ganzen Vielfachen von 180° gleich sind, plausibel. Für solche Werte der Verwindung τ haben die Hauptachsen im Mittel wiederum keine bevorzugte Richtung, darum stimmen solche kritische Lasten, die zu den beiden Hauptachsen „gehören", dort überein.

Für Stäbe mit schlankem Querschnitt (s. Abb. 11, $\varkappa = 5$) „gehören" die zwei kleinsten kritischen Lasten zur gleichen Hauptachse, für $\tau = 0$ gilt für diese kritischen

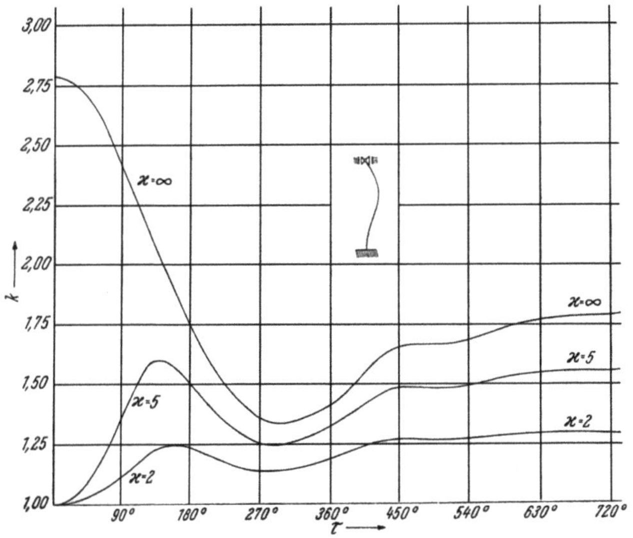

Abb. 10. Die Knicklast k als Funktion der Verwindung τ im Fall 4[10].

Lasten $k = 1$ und $k = 4$. Aber dennoch haben sie den gleichen asymptotischen Wert und stimmen ungefähr bei den ganzen Vielfachen von 180° überein, mit Ausnahme von 180°. Für die kleinste kritische Last der zweiten Hauptachse gilt für $\tau = 0$ die Beziehung $k = 5$. Diese strebt aber gegen einen anderen asymptotischen Wert, zusammen mit der dritten kritischen Last der ersten Hauptachse; diese hat für $\tau = 0$ den Wert $k = 9$. Wenn von zwei kritischen Lasten die erste den größeren asymptotischen Wert hat, ist sie immer größer, eventuell mit Ausnahme von $\tau = 0$.

In den Fällen 1, 2 und 4, in welchen der Stab statisch unbestimmt gelagert ist, erhält man im Grenzfall unendlicher Schlankheit des Querschnittes ($\varkappa = \infty$) beim Grenzübergang verschwindender Verwindung ($\tau \to 0$) eine Knicklast, die höher ist als die Eulersche (vgl. Abb. 7, 8 und 10). Das heißt für die Wirklichkeit, daß bei Stäben mit sehr schlankem Querschnitt in diesen Fällen eine kleine Verwindung die Knicklast sehr stark erhöht, bei zunehmender Verwindung nimmt sie dann allerdings wieder ab. In den Fällen 3 und 5, in denen der Stab statisch bestimmt gelagert ist, ist auch im Grenzfall unendlicher Schlankheit des Querschnittes der Grenzwert der Knicklast bei verschwindender Verwindung gleich der Eulerschen Knicklast. Auch bei Stäben mit sehr schlankem Querschnitt ist also hier bei kleiner Verwindung die Knicklast nicht viel größer als die Eulersche.

Diese Resultate sind insofern plausibel, als für die statisch unbestimmt gelagerten Stäbe weniger Ausweichmöglichkeiten bestehen als bei statisch bestimmt gelagerten.

Allerdings wäre dann zu erwarten, daß im Grenzfall $\tau \to 0$ beim Fall 1 der Wert für k größer ist als im Fall 2, da der Grad der Unbestimmtheit auch um 1 größer ist.

Zum Fall 5 ist zu sagen, daß die Vermutung von H. Ziegler in [1] und [3] nicht zutrifft. Ziegler deutet dort den Übergang vom n-ten zum $(n + 1)$-ten Ast des τ-k-Diagrammes dahin, daß infolge der Verwindung die kritische Last $(n + 1)$-ter Ordnung diejenige

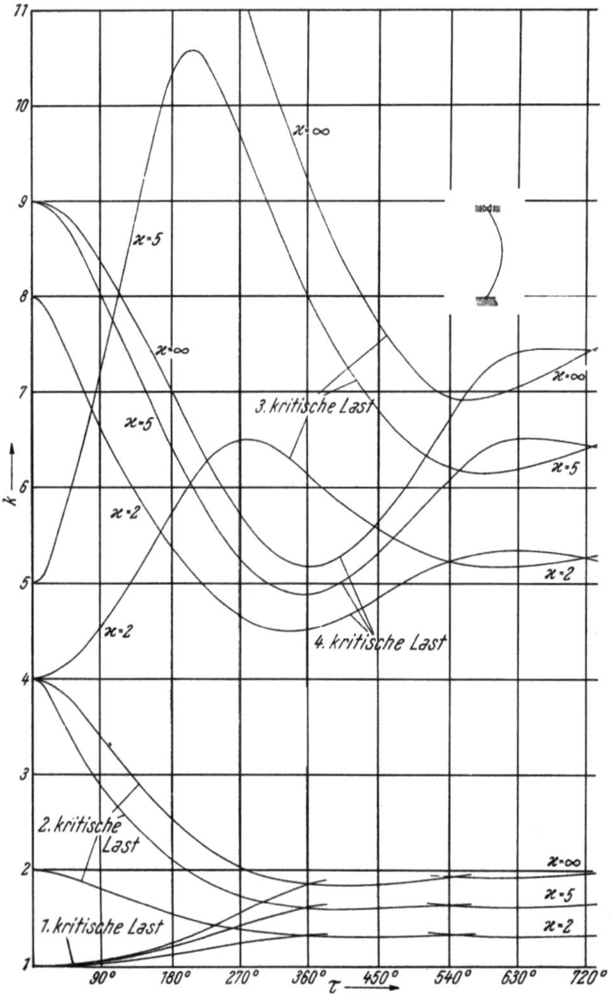

Abb. 11. Die ersten vier kritischen Lasten k als Funktion der Verwindung τ im Fall 5[10].

der n-ten Ordnung unterschreitet. In Wirklichkeit unterschreitet aber nur periodisch die zweite kritische Last die erste, und dies auch nur in den Fällen mit symmetrischen Randbedingungen.

Das Resultat für den Fall 3, das E. Lüscher veröffentlicht hat[4], ist falsch. Die Methode der Rechnung und der Ansatz für die Lösung der Differentialgleichung sind zwar richtig, nicht aber das Resultat der numerischen Rechnung.

Für die numerische Auswertung der elastischen Linie ist der Fall 2 gewählt.

Nachdem zu vorgegebenem τ die Größen μ, k, σ_1, σ_2, δ_1, δ_2, a_1, a_2, b_1, b_2, c_1 und c_2 bestimmt sind, erhält man die elastische Linie punktweise nach den Gl. (24).

Bei x und y ist ein gemeinsamer Faktor willkürlich, während der Maßstab für z durch die Wahl von ω_0 festgelegt wird.

Abb. 12 zeigt für den Schlankheitsgrad $\varkappa = 5$ des Querschnittes bei einer Gesamtverwindung von $\tau = 450°$ die elastische Linie des Stabes beim Beginn der Knickung für die Knicklast und die zweite kritische Last im Fall 2.

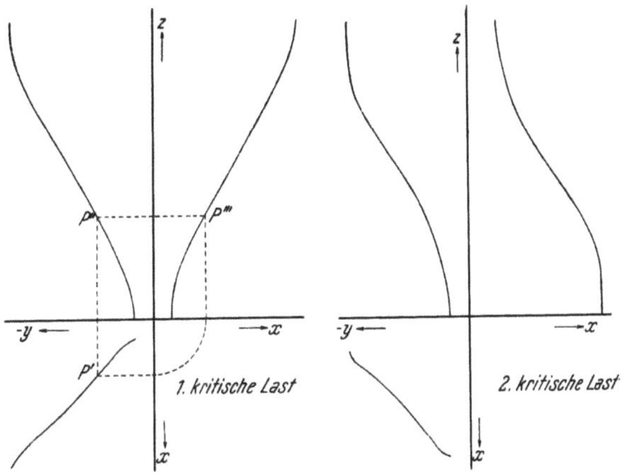

Abb. 12. Elastische Linie im Fall 2 für $\varkappa = 5$ und $\tau = 450°$.

Beide elastischen Linien sind fast ebene Kurven, die größten Abweichungen finden sich an den beiden Enden des Stabes. Obwohl die zugehörigen kritischen Lasten verschieden sind ($k_1 = 1{\cdot}381$, $k_2 = 1{\cdot}970$), ist die Form der Kurven fast gleich, und sie unterscheiden sich von der Knicklinie des unverwundenen Stabes nur wenig. Verschieden ist hingegen die Richtung der Ausbiegung des Stabes.

5. Elastische Linie für große Verwindungen.

Als Beispiel wird wieder der Fall 2 gewählt. Beim Grenzübergang $\tau \to \infty$ wird die Länge des Stabes konstant gehalten, so daß auch für die spezifische Verwindung $\omega_0 \to \infty$ gilt. Die Reihenentwicklungen

$$\sigma_{12} = 1 + N_{12} + \ldots,$$

$$\delta_{12} = 1 + \frac{\lambda - 1}{\lambda + 1} N_{12} + \ldots \tag{30}$$

mit

$$N_{12} = \pm \sqrt{\frac{\mu + \nu}{2}}$$

sind in den Gleichungen der elastischen Linie Gl. (24) einzusetzen. In unserem Fall ist dort $c_1 = c_2 = 0$. Die Kombination der Gl. (28) und (33) ergibt für unseren Grenzfall in erster Näherung

$$\frac{\mu \tau^2}{\pi^2} = \frac{2\varkappa}{1 + \varkappa} = \frac{2\mu}{\mu + \nu},$$

woraus

$$N_1 \tau = \pi \tag{37}$$

folgt. Führt man durch

$$z = \varrho \cdot l \quad (0 \leqq \varrho \leqq 1)$$

die reduzierte Höhe ϱ statt t als unabhängige Variable ein, so ist wegen

$$z : l = t : \tau = \varrho$$

in erster Näherung

$$N_1 \cdot t = \varrho \pi. \tag{38}$$

Für den Grenzfall $\tau \to \infty$ ist diese Gleichung exakt richtig. Die Gleichungen der elastischen Linie gehen dann über in

$$\left.\begin{aligned} x &= \sin\tau\,(1 - \cos\varrho\pi), \\ y &= -\cos\tau\,(1 - \cos\varrho\pi), \\ z &= \varrho\, l. \end{aligned}\right\} \qquad \text{(A. 13)} \quad (39)$$

Diese Kurve liegt in einer Ebene, ihre Form stimmt mit der Knicklinie des unverwundenen Stabes überein. Die Ebene der elastischen Linie ist gegenüber derjenigen des unverwundenen Stabes um den Winkel τ im Gegenuhrzeigersinn gedreht. Im Grenzfall $\tau \to \infty$ ist diese Ebene unbestimmt (A. 14).

Die Eulersche Knicklast für den Fall 2 ist

$$D_E = \frac{\pi^2 \alpha}{l^2} \tag{40}$$

[s. Gl. (26)]. Mit Hilfe der Gl. (33) ergibt sich daraus für die Knicklast des unendlich stark verwundenen Stabes

$$D = \frac{\pi^2}{l^2} \frac{2 \alpha \beta}{\alpha + \beta}. \tag{41}$$

Aus den Gl. (39), (40) und (41) folgt:

Im Grenzfall unendlich großer Verwindung verhält sich ein Stab in bezug auf die Knickung, sowohl was die Knicklast als auch was die elastische Linie anbetrifft, gleich wie ein Stab mit gleichen Hauptträgheitsmomenten des Querschnittes, welche gleich dem harmonischen Mittel der Hauptträgheitsmomente des Querschnittes des verwundenen Stabes sind.

Dieses Resultat gilt, wie man zeigen kann, in allen fünf Knickfällen.

6. Gültigkeitsbereich der Resultate.

Fast alle abgeleiteten Gleichungen sind nur näherungsweise richtig, und es bleibt zu untersuchen, unter welchen Bedingungen die erhaltenen Resultate eine gute Näherung darstellen.

Die Gl. (2), die den Zusammenhang zwischen der Beanspruchung des Stabes und seiner Deformation vermitteln, sind die bekannten Näherungsgleichungen aus der Festigkeitslehre. Sie sind an die Voraussetzungen gebunden, daß

1. die Querabmessungen des Stabes klein sind im Vergleich zu seiner Länge,
2. die Gestalt der Querschnitte gedrängt ist,
3. der Querschnitt sich nur wenig ändert von Schnitt zu Schnitt.

Aus der dritten Bedingung folgt, daß die Verwindung pro Längeneinheit ω_0 nicht zu groß sein darf. Der Fall $\tau \to \infty$ stellt also lediglich einen theoretischen Grenzwert dar.

Die Längenkontraktion, die durch die Druckbeanspruchung entsteht, ist gering und kann vernachlässigt werden, da bei schlanken Stäben die Knickung bei verhältnismäßig kleinen Druckkräften eintritt.

Da die Druckkraft für den Beginn der Knickung bestimmt wird, können die durch die Knickung hervorgerufenen Deformationen als klein betrachtet werden. Infolge der kleinen Krümmung der elastischen Linie sind dann auch K_ξ, K_η, M_ξ, M_η kleine Größen.

Da die linearen Differentialgleichungen in erster Näherung richtig sind, sind es auch ihre Lösungen.

Bei der numerischen Rechnung sind verschiedene Verhältnisse der Hauptträgheitsmomente des Querschnittes berücksichtigt worden, nämlich $\varkappa = 1, 2, 5$ und ∞. Besondere Beachtung ist noch dem Grenzfall $\varkappa = \infty$ und Stäben mit großem $\varkappa$ zu schenken.

Für die folgende Überlegung sei der Einfachheit halber der Querschnitt des Stabes ein Rechteck (s. Abb. 13). Für die Hauptbiegesteifigkeiten ist dann

$$\alpha = \frac{E}{12}\, a\, b^3, \quad \beta = \frac{E}{12}\, a^3 b,$$

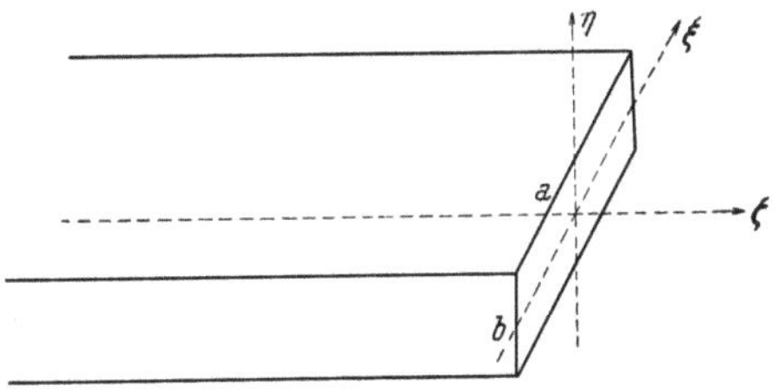

Abb. 13.

und die Schlankheit des Querschnittes ist gegeben durch

$$\varkappa = \frac{\mu}{\nu} = \frac{\beta}{\alpha} = \frac{a^2}{b^2},$$

wobei E den Elastizitätsmodul des Materials darstellt. Da der Stab schlank bleiben muß ($a, b \ll l$), wird beim Grenzübergang $\varkappa \to \infty\, a$ festgehalten und strebt b gegen Null. Die Größe k, das Verhältnis der Knicklast zur entsprechenden Eulerschen Knicklast, ist aus physikalischen Gründen immer endlich. Für $\tau \neq 0$ gilt dasselbe auch für μ nach Gl. (28). Also folgt aus $\varkappa \to \infty$ die Relation $\nu \to 0$. Im Grenzfall unendlicher Schlankheit des Querschnittes ist also in allen Formeln $\lambda = \nu = 0$ zu setzen.

Bei Stäben mit sehr schlankem Querschnitt kommt man der Wirklichkeit näher, wenn man bei der Biegung um die ξ-Achse die Dehnung ε_ξ in der ξ-Richtung Null setzt statt wie in der Festigkeitslehre die Spannung σ_ξ. Dann ist

$$\varepsilon_\zeta = \frac{1}{E}(\sigma_\zeta - \bar{\nu}\,\sigma_\xi),$$

$$\varepsilon_\xi = \frac{1}{E}(\sigma_\xi - \bar{\nu}\,\sigma_\zeta) = 0,$$

wobei $\bar{\nu}$ die Poissonsche Zahl bedeutet. Daraus folgt

$$\varepsilon_\zeta = \frac{1}{E}(1 - \bar{\nu}^2)\,\sigma_\zeta.$$

In der entsprechenden Formel der Festigkeitslehre fehlt der Faktor $(1 - \bar{\nu}^2)$. Rechnet man im Sinn einer ersten Näherung nach der Methode der Festigkeitslehre weiter, nimmt aber den Faktor $(1 - \bar{\nu}^2)$ mit, so heißt die erste Formel von Gl. (2)

$$M_\xi = \frac{\alpha}{1 - \bar{\nu}^2} \cdot \varkappa_\xi = \alpha^* \varkappa_\xi.$$

In der Formel in Gl. (10) und in der nachfolgenden Rechnung muß also der Schlankheitsgrad $\varkappa$ des Querschnittes durch

$$\varkappa^* = \frac{\beta}{\alpha^*} = (1 - \bar{\nu}^2)\,\varkappa$$

ersetzt werden. Die Größe k, welche die Knicklast bei der Verwindung τ, gemessen mit der Eulerschen Knicklast, als Einheit darstellt, ist also auf den Abb. 7 bis 11 nicht beim entsprechenden Schlankheitsgrad $\varkappa$, sondern bei $\varkappa^* = (1 - \bar{\nu}^2)\,\varkappa$ abzulesen. Da aber die Poissonsche Zahl $\bar{\nu}$ klein ist (für Flußstahl z. B. 0·3), vermindert sich dadurch k nur um sehr wenig, da für große $\varkappa$ die Kurven sehr nahe beieinander liegen.

Daraus folgt, daß auch in den Fällen, in denen weder σ_ξ noch ε_ξ Null ist, die Resultate für k in den Abb. 7 bis 11 eine gute Näherung darstellen.

Wird der Grenzübergang $k \to \infty$ so ausgeführt, daß b endlich bleibt und a gegen Unendlich strebt (s. Abb. 13), so geht der Stab in eine schraubenflächenförmige Schale über, für welche die Gl. (2) aus der Festigkeitslehre nicht mehr gelten. Dieser Fall müßte nach den Methoden der Schalentheorie neu behandelt werden.

IV. Anhang: Zwischenrechnungen.

(A. 1): Es soll der Ansatz aus Gl. (15) mit Gl. (16) und (17) verifiziert werden.

Es ist

$$\dot{v}_u = -a_1\,\sigma_1 \sin \sigma_1\,t - a_2\,\sigma_2 \sin \sigma_2\,t + \delta_1\,b_1\,\sigma_1 \cos \sigma_1\,t + \delta_2\,b_2\,\sigma_2 \cos \sigma_2\,t,$$

$$\dot{v}_v = -b_1\,\sigma_1 \sin \sigma_1\,t - b_2\,\sigma_2 \sin \sigma_2\,t - \frac{a_1\,\sigma_1}{\delta_1} \cos \sigma_1\,t - \frac{a_2\,\sigma_2}{\delta_2} \cos \sigma_2\,t,$$

und

$$\ddot{v}_u = -a_1\,\sigma_1^2 \cos \sigma_1\,t - a_2\,\sigma_2^2 \cos \sigma_2\,t - \delta_1\,b_1\,\sigma_1^2 \sin \sigma_1\,t - \delta_2\,b_2\,\sigma_2^2 \sin \sigma_2\,t,$$

$$\ddot{v}_v = -b_1\,\sigma_1^2 \cos \sigma_1\,t - b_2\,\sigma_2^2 \cos \sigma_2\,t + \frac{a_1\,\sigma_1^2}{\delta_1} \sin \sigma_1\,t + \frac{a_2\,\sigma_2^2}{\delta_2} \sin \sigma_2\,t.$$

Dies eingesetzt in den durch $C_1 = C_2 = 0$ homogen gemachten Gl. (11) ergibt

$$[-\delta_1\,\sigma_1^2 + (\lambda + 1)\,\sigma_1 + (\nu - \lambda)\,\delta_1]\,b_1 \sin \sigma_1\,t + [-\delta_2\,\sigma_2^2 + (\lambda + 1)\,\sigma_2 + (\nu - \lambda)\,\delta_2]\,b_2 \sin \sigma_2 t +$$

$$+ \left[-\sigma_1^2 + (\lambda + 1)\frac{\sigma_1}{\delta_1} + (\nu - \lambda)\right] a_1 \cos \sigma_1\,t + \left[-\sigma_2^2 + (\lambda + 1)\frac{\sigma_2}{\delta_2} + (\nu - \lambda)\right] a_2 \cos \sigma_2\,t = 0$$

und

$$\left[\frac{\sigma_1^2}{\delta_1} - (\varkappa + 1)\,\sigma_1 - (\mu - \varkappa)\frac{1}{\delta_1}\right] a_1 \sin \sigma_1\,t + \left[\frac{\sigma_2^2}{\delta_2} - (\varkappa + 1)\,\sigma_2 - (\mu - \varkappa)\frac{1}{\delta_2}\right] a_2 \sin \sigma_2\,t +$$

$$+ [-\sigma_1^2 + (\varkappa + 1)\,\delta_1\,\sigma_1 - (\mu - \varkappa)]\,b_1 \cos \sigma_1\,t + [-\sigma_2^2 + (\varkappa + 1)\,\delta_2\,\sigma_2 - (\mu - \varkappa)]\,b_2 \cos \sigma_2\,t = 0.$$

Diese beiden Gleichungen sind erfüllt für beliebige Konstanten a_1, a_2, b_1, b_2, wenn alle eckigen Klammern Null sind. Je zwei nebeneinanderstehende eckige Klammern unterscheiden sich nur im Index, zwei untereinanderstehende nur in einem Faktor δ_i. Löst man diese eckigen Klammern nach δ_i auf, so erhält man

$$\delta_i = \frac{(\lambda + 1)\,\sigma_i}{\sigma_i^2 - \nu + \lambda}, \quad \delta_i = \frac{\sigma_i^2 - \mu + \varkappa}{(\varkappa + 1)\,\sigma_i}, \quad i = 1,\ 2. \tag{17}$$

Die beiden Ausdrücke für δ_i müssen aber wirklich auch gleich groß sein. Man kann aber σ_i noch so wählen, daß dies der Fall ist:

$$(\sigma_i^2 - \nu + \lambda)\,(\sigma_i^2 - \mu + \varkappa) - (\lambda + 1)\,(\varkappa + 1)\,\sigma_i^2 = 0$$

oder

$$\sigma_i^4 - (\mu - \varkappa + \nu - \lambda + \varkappa\,\lambda + \lambda + \varkappa + 1)\,\sigma_i^2 + (\nu - \lambda)\,(\mu - \varkappa) = 0.$$

Infolge der Beziehungen Gl. (10) ist dies dasselbe wie

$$\sigma_i^4 - (\mu + \nu + 2)\,\sigma_i^2 + (\nu - 1)\,(\mu - 1) = 0,$$

und daraus folgt Gl. (16). Da die gefundene Lösung Gl. (15) vier Integrationskonstanten aufweist, ist es die allgemeine Lösung.

(A. 2): Es soll die partikuläre Lösung

$$v_u = \frac{C_1}{\nu} \cos t + \frac{C_2}{\nu} \sin t,$$

$$v_v = \frac{C_2}{\nu} \cos t - \frac{C_1}{\nu} \sin t$$

der Gl. (11) verifiziert werden.

Für die beiden ersten Ableitungen von v_u und v_v gilt

$$v_u = -\frac{C_1}{\nu} \sin t + \frac{C_2}{\nu} \cos t = v_v,$$

$$\dot{v}_v = -\frac{C_2}{\nu} \sin t - \frac{C_1}{\nu} \cos t = -v_u.$$

$$\ddot{v}_u = \dot{v}_v = -v_u,$$

$$\ddot{v}_v = -\dot{v}_u = -v_v.$$

Die rechten Seiten von Gl. (11) lassen sich ebenfalls durch die partikulären Lösungen v_u und v_v ausdrücken. Man erhält durch Einsetzen

$$-v_u + (\lambda + 1)\,v_u + (\nu - \lambda)\,v_u = \nu\,v_u,$$

$$-v_v + (\varkappa + 1)\,v_v + (\mu - \varkappa)\,v_v = \varkappa\,\nu\,v_v = \mu\,v_v,$$

was tatsächlich richtig ist.

(A. 3): Die Gl. (19) soll hergeleitet werden.

Die allgemeine Lösung

$$\left.\begin{aligned} v_u &= a_1 \cos \sigma_1 t + a_2 \cos \sigma_2 t + \delta_1 b_1 \sin \sigma_1 t + \delta_2 b_2 \sin \sigma_2 t, \\ v_v &= b_1 \cos \sigma_1 t + b_2 \cos \sigma_2 t - \frac{a_1}{\delta_1} \sin \sigma_1 t - \frac{a_2}{\delta_2} \sin \sigma_2 t \end{aligned}\right\} \tag{15}$$

des homogenen Systems — s. Abschn. II/3, Schluß — muß in die Randbedingungen

$$v_u(0) = v_v(0) = 0,$$
$$v_u(\tau) = v_v(\tau) = 0$$

eingesetzt werden. Die ersten beiden ergeben

$$a_1 + a_2 = 0, \quad b_1 + b_2 = 0.$$

Ersetzt man a_2 und b_2 durch a_1 und b_1 und berücksichtigt auch die beiden anderen Randbedingungen so wird

$$(\cos \sigma_1 \tau - \cos \sigma_2 \tau)\, a_1 + (\delta_1 \sin \sigma_1 \tau - \delta_2 \sin \sigma_2 \tau)\, b_1 = 0,$$
$$\left(-\frac{1}{\delta_1} \sin \sigma_1 \tau - \frac{1}{\delta_2} \sin \sigma_2 \tau\right) a_1 + (\cos \sigma_1 \tau - \cos \sigma_2 \tau)\, b_1 = 0$$

und damit

$$\begin{vmatrix} \cos \sigma_1 \tau - \cos \sigma_2 \tau & \delta_1 \sin \sigma_1 \tau - \delta_2 \sin \sigma_2 \tau \\ -\frac{1}{\delta_1} \sin \sigma_1 \tau + \frac{1}{\delta_2} \sin \sigma_2 \tau & \cos \sigma_1 \tau - \cos \sigma_2 \tau \end{vmatrix} = 0,$$

oder ausgerechnet

$$\cos^2 \sigma_1 \tau - 2 \cos \sigma_1 \tau \cos \sigma_2 \tau + \cos^2 \sigma_2 \tau + \sin^2 \sigma_1 \tau + \sin^2 \sigma_2 \tau - \left(\frac{\delta_1}{\delta_2} + \frac{\delta_2}{\delta_1}\right) \sin \sigma_1 \tau \sin \sigma_2 \tau = 0$$

was sogleich auf Gl. (19) führt.

(A. 4): Die Gl. (20) soll hergeleitet werden.

Der Anfang ist gleich wie in (A. 3). Statt der zweiten Randbedingungen muß jedoch hier

$$\dot{v}_u(\tau) - v_v(\tau) = \dot{v}_v(\tau) + v_u(\tau) = 0 \tag{13}$$

genommen werden. Setzt man hier v_u und v_v ein, so wird

$$\left[\left(-\sigma_1 + \frac{1}{\delta_1}\right) \sin \sigma_1 \tau - \left(-\sigma_2 + \frac{1}{\delta_2}\right) \sin \sigma_2 \tau\right] a_1 + \left[(\delta_1 \sigma_1 - 1) \cos \sigma_1 \tau - (\delta_2 \sigma_2 - 1) \cos \sigma_2 \tau\right] b_1 = 0,$$
$$\left[\left(-\frac{\sigma_1}{\delta_1} + 1\right) \cos \sigma_1 \tau - \left(-\frac{\sigma_2}{\delta_2} + 1\right) \cos \sigma_2 \tau\right] a_1 + \left[(-\sigma_1 + \delta_1) \sin \sigma_1 \tau - (-\sigma_2 + \delta_2) \sin \sigma_2 \tau\right] b_1 = 0$$

und damit

$$\begin{vmatrix} \left(\sigma_1 - \frac{1}{\delta_1}\right) \sin \sigma_1 \tau - \left(\sigma_2 - \frac{1}{\delta_2}\right) \sin \sigma_2 \tau & (\delta_1 \sigma_1 - 1) \cos \sigma_1 \tau - (\delta_2 \sigma_2 - 1) \cos \sigma_2 \tau \\ \left(\frac{\sigma_1}{\delta_1} - 1\right) \cos \sigma_1 \tau - \left(\frac{\sigma_2}{\delta_2} - 1\right) \cos \sigma_2 \tau & -(\sigma_1 - \delta_1) \sin \sigma_1 \tau + (\sigma_2 - \delta_2) \sin \sigma_2 \tau \end{vmatrix} = 0.$$

Die Ausrechnung ergibt

$$-\left(\sigma_1 - \frac{1}{\delta_1}\right)(\sigma_1 - \delta_1) \sin^2 \sigma_1 \tau - \left(\sigma_2 - \frac{1}{\delta_2}\right)(\sigma_2 - \delta_2) \sin^2 \sigma_2 \tau - (\delta_1 \sigma_1 - 1)\left(\frac{\sigma_1}{\delta_1} - 1\right) \cos^2 \sigma_1 \tau -$$
$$-(\delta_2 \sigma_2 - 1)\left(\frac{\sigma_2}{\delta_2} - 1\right) \cos^2 \sigma_2 \tau + \left[\left(\sigma_1 - \frac{1}{\delta_1}\right)(\sigma_2 - \delta_2) + \left(\sigma_2 - \frac{1}{\delta_2}\right)(\sigma_1 - \delta_1)\right] \sin \sigma_1 \tau \sin \sigma_2 \tau +$$
$$+\left[(\delta_1 \sigma_1 - 1)\left(\frac{\sigma_2}{\delta_2} - 1\right) + (\delta_2 \sigma_2 - 1)\left(\frac{\sigma_1}{\delta_1} - 1\right)\right] \cos \sigma_1 \tau \cos \sigma_2 \tau = 0$$

oder vereinfacht

$$\left[\left(\sigma_1 - \frac{1}{\delta_1}\right)(\sigma_2 - \delta_2) + \left(\sigma_2 - \frac{1}{\delta_2}\right)(\sigma_1 - \delta_1)\right] \sin \sigma_1 \tau \sin \sigma_2 \tau + \left[\frac{\delta_1}{\delta_2}\left(\sigma_1 - \frac{1}{\delta_1}\right)(\sigma_2 - \delta_2) +\right.$$
$$\left.+ \frac{\delta_2}{\delta_1}\left(\sigma_2 - \frac{1}{\delta_2}\right)(\sigma_1 - \delta_1)\right] \cos \sigma_1 \tau \cos \sigma_2 \tau = \left(\sigma_1 - \frac{1}{\delta_1}\right)(\sigma_1 - \delta_1) + \left(\sigma_2 - \frac{1}{\delta_2}\right)(\sigma_2 - \delta_2).$$

Diese Gleichung teile man durch

$$\frac{1}{2}(\sigma_1 - \delta_1)\left(\sigma_1 - \frac{1}{\delta_1}\right).$$

Verwendet man noch die goniometrischen Identitäten

$$2 \sin \sigma_1 \tau \sin \sigma_2 \tau = \cos (\sigma_1 - \sigma_2) \tau - \cos (\sigma_1 + \sigma_2) \tau,$$
$$2 \cos \sigma_1 \tau \cos \sigma_2 \tau = \cos (\sigma_1 - \sigma_2) \tau + \cos (\sigma_1 + \sigma_2) \tau$$

und führt die Abkürzungen

$$a = \frac{\delta_1}{\delta_2} = \frac{\sigma_1^2 - \mu + \varkappa}{\sigma_2^2 - \mu + \varkappa} \cdot \frac{\sigma_2}{\sigma_1}, \qquad b = \frac{\delta_2}{\delta_1} = \frac{\sigma_2^2 - \mu + \varkappa}{\sigma_1^2 - \mu + \varkappa} \cdot \frac{\sigma_1}{\sigma_2},$$

$$c = \frac{\sigma_2 - \delta_2}{\sigma_1 - \delta_1} = \frac{\sigma_2^2 + \nu - 1}{\sigma_1^2 + \nu - 1} \cdot \frac{\sigma_1}{\sigma_2}, \qquad c' = \frac{\sigma_2 - \dfrac{1}{\delta_2}}{\sigma_1 - \dfrac{1}{\delta_1}} = \frac{\sigma_2^2 + \mu - 1}{\sigma_1^2 + \mu - 1} \cdot \frac{\sigma_1}{\sigma_2}$$

ein, so heißt die Gleichung

$$(a c + c')(b + 1) \cos (\sigma_1 - \sigma_2) \tau + (-a c + c')(b - 1) \cos (\sigma_1 + \sigma_2) \tau = 2 (1 + c c').$$

Wenn gezeigt ist, daß $c c' = 1$ ist, dann stimmt die durch 4 geteilte Gleichung mit Gl. (20) überein.

Nun ist

$$c c' = \frac{(\sigma_2^2 + \nu - 1)(\sigma_2^2 + \mu - 1)}{(\sigma_1^2 + \nu - 1)(\sigma_1^2 + \mu - 1)} \cdot \frac{\sigma_1^2}{\sigma_2^2} = \frac{\sigma_2^4 + (\mu + \nu - 2)\sigma_2^2 + (\mu - 1)(\nu - 1)}{\sigma_1^4 + (\mu + \nu - 2)\sigma_1^2 + (\mu - 1)(\nu - 1)} \cdot \frac{\sigma_1^2}{\sigma_2^2}$$

oder wegen der Frequenzgleichung nach Gl. (16)

$$c c' = \frac{2(\mu + \nu)\sigma_2^2}{2(\mu + \nu)\sigma_1^2} \cdot \frac{\sigma_1^2}{\sigma_2^2} = 1.$$

(A. 5): Es sollen die Determinantengleichungen (21) und (22) hergeleitet werden.

Die allgemeine Lösung des inhomogenen Gleichungssystems

$$\left.\begin{aligned} v_u &= a_1 \cos \sigma_1 t + a_2 \cos \sigma_2 t + \delta_1 b_1 \sin \sigma_1 t + \delta_2 b_2 \sin \sigma_2 t + c_1 \cos t + c_2 \sin t, \\ v_v &= b_1 \cos \sigma_1 t + b_2 \cos \sigma_2 t - \frac{a_1}{\delta_1} \sin \sigma_1 t - \frac{a_2}{\delta_2} \sin \sigma_2 t + c_2 \cos t - c_1 \sin t \end{aligned}\right\} \quad (18)$$

ist in die entsprechenden Randbedingungen einzusetzen.

In beiden Fällen ist unten eine Einspannung, also

$$v_u(0) = v_v(0) = 0.$$

Setzt man die Ausdrücke von Gl. (18) ein, so wird

$$a_1 + a_2 + c_1 = 0,$$
$$b_1 + b_2 + c_2 = 0.$$

Also erhält man

$$v_u = a_1 \cos \sigma_1 t + a_2 \cos \sigma_2 t + \delta_1 b_1 \sin \sigma_1 t + \delta_2 b_2 \sin \sigma_2 t - (a_1 + a_2) \cos t - (b_1 + b_2) \sin t,$$

$$v_v = b_1 \cos \sigma_1 t + b_2 \cos \sigma_2 t - \frac{a_1}{\delta_1} \sin \sigma_1 t - \frac{a_2}{\delta_2} \sin \sigma_2 t - (b_1 + b_2) \cos t + (a_1 + a_2) \sin t.$$

Ebenso gilt in beiden Fällen die Bedingung der Geradführung

$$\int_0^\tau (v_u \cos t - v_v \sin t)\, dt = 0,$$

$$\int_0^\tau (v_u \sin t + v_v \cos t)\, dt = 0.$$

Vor der Integration muß der Integrand mit Hilfe goniometrischer Formeln umgeformt werden. Die benützten Formeln sind

$$2 \cdot \cos (n x) \cdot \cos (m x) = \cos (n - m) x + \cos (n + m) x,$$
$$2 \cdot \sin (n x) \cdot \sin (m x) = \cos (n - m) x - \cos (n + m) x,$$
$$2 \cdot \sin (n x) \cdot \cos (m x) = \sin (n - m) x + \sin (n + m) x.$$

Ferner wird die Abkürzung $+ (J\,2)$ eingeführt. Sie bedeutet, daß der vorhergehende Ausdruck mit dem Index 2 statt mit dem Index bei allen entsprechenden Größen gebildet und dazu addiert werden soll.

Die Integranden sind dann

$$2\,(v_u \cos t - v_v \sin t) = a_1\left[\left(1-\frac{1}{\delta_1}\right)\cos(\sigma_1+1)\,t + \left(1+\frac{1}{\delta_1}\right)\cos(\sigma_1-1)\,t\right] + (J\,2)$$
$$+ b_1\,[(\delta_1-1)\sin(\sigma_1+1)\,t + (\delta_1+1)\sin(\sigma_1-1)\,t] + (J\,2)$$
$$-2\,(a_1+a_2),$$

$$2\,(v_u \sin t + v_v \cos t) = a_1\left[\left(1-\frac{1}{\delta_1}\right)\sin(\sigma_1+1)\,t - \left(1+\frac{1}{\delta_1}\right)\sin(\sigma_1-1)\,t\right] + (J\,2)$$
$$+ b_1\,[(-\delta_1+1)\cos(\sigma_1+1)\,t + (\delta_1+1)\cos(\sigma_1-1)\,t] + (J\,2)$$
$$-2\,(b_1+b_2).$$

Die unbestimmten Integrale dieser Ausdrücke sind

$$2\int (v_u \cos t - v_v \sin t)\,dt = \frac{a_1}{\delta_1}\left(\frac{\delta_1-1}{\sigma_1+1}\sin(\sigma_1+1)\,t + \frac{\delta_1+1}{\sigma_1-1}\sin(\sigma_1-1)\,t\right) + (J\,2)$$
$$-b_1\left(\frac{\delta_1-1}{\sigma_1+1}\cos(\sigma_1+1)\,t + \frac{\delta_1+1}{\sigma_1-1}\cos(\sigma_1-1)\,t\right) + (J\,2)$$
$$-2\,(a_1+a_2)\,t,$$

$$2\int (v_u \sin t + v_v \cos t)\,dt = -\frac{a_1}{\delta_1}\left(\frac{\delta_1-1}{\sigma_1+1}\cos(\sigma_1+1)\,t - \frac{\delta_1+1}{\sigma_1-1}\cos(\sigma_1-1)\,t\right) + (J\,2)$$
$$-b_1\left(\frac{\delta_1-1}{\sigma_1+1}\sin(\sigma_1+1)\,t - \frac{\delta_1+1}{\sigma_1-1}\sin(\sigma_1-1)\,t\right) + (J\,2)$$
$$-2\,(b_1+b_2)\,t.$$

Die Randbedingungen lauten schließlich

$$\frac{a_1}{\delta_1}\left(\frac{\delta_1-1}{\sigma_1+1}\sin(\sigma_1+1)\,\tau + \frac{\delta_1+1}{\sigma_1-1}\sin(\sigma_1-1)\,\tau - 2\,\delta_1\,\tau\right) +$$
$$+ b_1\left(\frac{\delta_1-1}{\sigma_1+1}[1-\cos(\sigma_1+1)\,\tau] + \frac{\delta_1+1}{\sigma_1-1}[1-\cos(\sigma_1-1)\,\tau]\right) + (J\,2) = 0,$$

$$\frac{a_1}{\delta_1}\left(\frac{\delta_1-1}{\sigma_1+1}[1-\cos(\sigma_1+1)\,\tau] - \frac{\delta_1+1}{\sigma_1-1}[1-\cos(\sigma_1-1)\,\tau]\right) +$$
$$+ b_1\left(-\frac{\delta_1-1}{\sigma_1+1}\sin(\sigma_1+1)\,\tau + \frac{\delta_1+1}{\sigma_1-1}\sin(\sigma_1-1)\,\tau - 2\,\tau\right) + (J\,2) = 0.$$

Die Randbedingungen am oberen Ende sind verschieden für die beiden Fälle 1 und 4.

Im Fall 1 heißen sie

$$v_u(\tau) = v_v(\tau) = 0,$$

oder eingesetzt

$$a_1\cos\sigma_1\tau + a_2\cos\sigma_2\tau + \delta_1 b_1\sin\sigma_1\tau + \delta_2 b_2\sin\sigma_2\tau - (a_1+a_2)\cos\tau - (b_1+b_2)\sin\tau = 0,$$

$$b_1\cos\sigma_1\tau + b_2\cos\sigma_2\tau - \frac{a_1}{\delta_1}\sin\sigma_1\tau - \frac{a_2}{\delta_2}\sin\sigma_2\tau - (b_1+b_2)\cos\tau + (a_1+a_2)\sin\tau = 0,$$

oder geordnet

$$a_1(\cos\sigma_1\tau - \cos\tau) + b_1(\delta_1\sin\sigma_1\tau - \sin\tau) + (J\,2) = 0,$$

$$\frac{a_1}{\delta_1}(\sin\sigma_1\tau - \delta_1\sin\tau) + b_1(-\cos\sigma_1\tau + \cos\tau) + (J\,2) = 0.$$

Im Fall 4 heißen die Randbedingungen

$$\dot v_u(\tau) - v_v(\tau) = 0,$$
$$\dot v_v(\tau) + v_u(\tau) = 0,$$

oder eingesetzt

$$-a_1\sigma_1\sin\sigma_1\tau - a_2\sigma_2\sin\sigma_2\tau + \delta_1 b_1\sigma_1\cos\sigma_1\tau + \delta_2\sigma_2 b_2\cos\sigma_2\tau + (a_1+a_2)\sin\tau - (b_1+b_2)\cos\tau$$
$$-b_1\cos\sigma_1\tau - b_2\cos\sigma_2\tau + \frac{a_1}{\delta_1}\sin\sigma_1\tau + \frac{a_2}{\delta_2}\sin\sigma_2\tau + (b_1+b_2)\cos\tau - (a_1+a_2)\sin\tau = 0,$$

$$-b_1\sigma_1\sin\sigma_1\tau - b_2\sigma_2\sin\sigma_2\tau - \frac{a_1\sigma_1}{\delta_1}\cos\sigma_1\tau - \frac{a_2\sigma_2}{\delta_2}\cos\sigma_2\tau + (b_1+b_2)\sin\tau + (a_1+a_2)\cos\tau$$
$$+a_1\cos\sigma_1\tau + a_2\cos\sigma_2\tau + \delta_1 b_1\sin\sigma_1\tau + \delta_2 b_2\sin\sigma_2\tau - (a_1+a_2)\cos\tau - (b_1+b_2)\sin\tau = 0,$$

oder geordnet

$$\frac{a_1}{\delta_1}(\sigma_1\,\delta_1 - 1)\sin\sigma_1\,\tau - b_1\,(\sigma_1\,\delta_1 - 1)\cos\sigma_1\,\tau + (J\,2) = 0,$$

$$\frac{a_1}{\delta_1}(\sigma_1 - \delta_1)\cos\sigma_1\,\tau + b_1\,(\sigma_1 - \delta_1)\sin\sigma_1\,\tau + (J\,2) = 0.$$

Aus diesen 6 Gleichungen läßt sich die Richtigkeit von Gl. (21) und (22) unmittelbar ersehen.

(A. 6): Die Gl. (25) soll aus der vorhergehenden Determinantengleichung hergeleitet werden. Formt man die unteren beiden Zeilen der Determinante mit Hilfe der goniometrischen Formeln

$$\sin x \pm \sin y = 2\sin\frac{x \pm y}{2}\cos\frac{x \mp y}{2},$$

$$\cos x - \cos y = -2\sin\frac{x+y}{2}\sin\frac{x-y}{2}$$

um und benützt die Abkürzung $x = \sqrt{\nu}\,\tau$, so heißt die Determinante

$$\Delta = \frac{4}{\nu}\begin{vmatrix} \sin x - x & 1 - \cos x & -(\sin x - x) & -(1 - \cos x) \\ -(1-\cos x) & \sin x - x & -(1 - \cos x) & \sin x - x \\ -\sin\frac{x}{2}\sin\frac{\sqrt{\nu}+2}{2}\tau & \sin\frac{x}{2}\cos\frac{\sqrt{\nu}+2}{2}\tau & \sin\frac{x}{2}\sin\frac{\sqrt{\nu}-2}{2}\tau & -\sin\frac{x}{2}\cos\frac{\sqrt{\nu}-2}{2}\tau \\ \sin\frac{x}{2}\cos\frac{\sqrt{\nu}+2}{2}\tau & \sin\frac{x}{2}\sin\frac{\sqrt{\nu}+2}{2}\tau & \sin\frac{x}{2}\cos\frac{\sqrt{\nu}-2}{2}\tau & \sin\frac{x}{2}\sin\frac{\sqrt{\nu}-2}{2}\tau \end{vmatrix}.$$

Nachdem man den Faktor $\sin^2(x/2)$ aus der Determinante herausgenommen hat, entwickle man diese nach den ersten beiden Zeilen. Die Unterdeterminanten der beiden ersten Zeilen werden mit A_{ij}, die der beiden unteren Zeilen mit B_{ij} bezeichnet. Die beiden Indizes geben die Kolonnennummern an. Es ist

$$\begin{aligned} A_{12} &= -A_{34} = (\sin x - x)^2 + (1 - \cos x)^2, \\ A_{13} &= -A_{24} = -2\,(\sin x - x)\cdot(1 - \cos x), \\ A_{14} &= A_{23} = (\sin x - x)^2 - (1 - \cos x)^2, \\ B_{12} &= -B_{34} = -1, \\ B_{13} &= -B_{24} = -\sin x, \\ B_{14} &= B_{23} = \cos x \end{aligned}$$

und damit

$$\Delta = \frac{8}{\nu}\sin^2\frac{x}{2}\,[(\sin x - x)^2 + (1 - \cos x)^2 + (\sin x - x)^2\cos x - \\ - (1 - \cos x)^2\cos x + 2\,(\sin x - x)\,(1 - \cos x)\sin x]$$

oder

$$\Delta = \frac{8}{\nu}\sin^2\frac{x}{2}\,[(\sin x - x)^2(1 - \cos x) + (1 - \cos x)^2(1 - \cos x) + \\ + 2\,(\sin x - x)\,(1 - \cos x)\sin x].$$

In der eckigen Klammer steht ein vollständiges Quadrat, was beim Übergang auf halbe Winkel mittels der Formeln

$$1 + \cos x = 2\cdot\cos^2(x/2),$$

$$1 - \cos x = 2\cdot\sin^2(x/2)$$

besonders deutlich wird. Dann ist

$$\Delta = \frac{16}{\nu}\sin^2\frac{x}{2}\left((\sin x - x)\cos\frac{x}{2} + (1 - \cos x)\sin\frac{x}{2}\right)^2,$$

oder schließlich

$$\Delta = \frac{64}{\nu}\sin^2\frac{x}{2}\left(\sin\frac{x}{2}\cos^2\frac{x}{2} - \frac{x}{2}\cos\frac{x}{2} + \sin^3\frac{x}{2}\right)^2$$

$$= \frac{64}{\nu}\sin^2\frac{x}{2}\left(\sin\frac{x}{2} - \frac{x}{2}\cos\frac{x}{2}\right)^2 = 0.$$

(A. 7): Die Reihenentwicklungen der Gl. (30) aus Gl. (16) und Gl. (17) herzuleiten.

Für kleine μ und ν geht Gl. (16) in erster Näherung über in

$$\sigma_{12}^2 = 1 + \frac{\mu+\nu}{2} \pm \sqrt{2(\mu+\nu)} = 1 \pm 2\sqrt{\frac{\mu+\nu}{2}} = 1 + 2 N_{12},$$

mit

$$N_{12} = \pm\sqrt{\frac{\mu+\nu}{2}}.$$

Dann ist

$$\sigma_{12} = 1 + N_{12} + \ldots$$

Daraus und aus Gl. (17) folgt in erster Näherung

$$\delta_{12} = \frac{(\lambda+1)(1+N_{12})}{1+2N_{12}+\lambda} = 1 + \frac{\lambda-1}{\lambda+1} N_{12} + \ldots$$

(A. 8): Es soll die Gl. (32) verifiziert werden.

Wie in (A. 6) entwickle man die der Gleichung vorangehende Determinante. Mit den gleichen Bezeichnungen ist dann

$$\begin{aligned}
A_{12} &= A_{34} = (\sin x - x)^2 + (1-\cos x)^2,\\
A_{13} &= A_{24} = 2(\sin x - x)\cdot(1-\cos x),\\
A_{14} &= -A_{23} = (\sin x - x)^2 - (1-\cos x)^2,\\
B_{12} &= B_{34} = 1,\\
B_{13} &= B_{24} = -\sin(2x),\\
B_{14} &= -B_{23} = -\cos(2x)
\end{aligned}$$

und damit

$$\begin{aligned}
\Delta &= \frac{32\lambda}{(\lambda+1)^2}[(\sin x - x)^2 + (1-\cos x)^2 + (\sin x - x)\cos 2x - (1-\cos x)^2 \cos 2x +\\
&\qquad + 2(\sin x - x)(1-\cos x)\sin 2x] = 0,\\
&= \frac{32\lambda}{(1+\lambda)^2}[(\sin x - x)^2(1+\cos 2x) + (1-\cos x)^2(1-\cos 2x) +\\
&\qquad + 2(\sin x - x)(1-\cos x)\sin 2x] = 0,\\
&= \frac{64\lambda}{(1+\lambda)^2}[(\sin x - x)\cos x + (1-\cos x)\sin x]^2 = 0,\\
&= \frac{64\lambda}{(1+\lambda)^2}(\sin x - x\cos x)^2 = 0.
\end{aligned} \qquad (32)$$

(A. 9): Die Gestalt der Determinante in Gl. (34) soll aus Gl. (21) hergeleitet werden.

Die beiden ersten Zeilen der Determinante in Gl. (21) werden zuerst mit Hilfe goniometrischer Additionstheoreme auf eine andere Form gebracht. Mit den Abkürzungen

$$2a_1 = \frac{\delta_1 - 1}{\sigma_1 + 1} + \frac{\delta_1 + 1}{\sigma_1 - 1} = 2\frac{\sigma_1\delta_1 + 1}{\sigma_1^2 - 1} = \frac{4}{\sigma_1^2 - 1},$$

$$2b_1 = \frac{\delta_1 - 1}{\sigma_1 + 1} - \frac{\delta_1 + 1}{\sigma_1 - 1} = -2\frac{\sigma_1 + \delta_1}{\sigma_1^2 - 1}$$

lautet die Determinantengleichung noch

$$\begin{vmatrix}
a_1 \sin\sigma_1\tau\cos\tau + b_1\cos\sigma_1\tau\sin\tau - \delta_1\tau & a_1(1-\cos\sigma_1\tau\cos\tau) + b_1\sin\sigma_1\tau\sin\tau & (J\,2)\\
b_1(1-\cos\sigma_1\tau\cos\tau) + a_1\sin\sigma_1\tau\sin\tau & -b_1\sin\sigma_1\tau\cos\tau - a_1\cos\sigma_1\tau\sin\tau - \tau & (J\,2)\\
\delta_1(\cos\sigma_1\tau - \cos\tau) & \delta_1\sin\sigma_1\tau - \sin\tau & (J\,2)\\
\sin\sigma_1\tau - \delta_1\sin\tau & -\cos\sigma_1\tau + \cos\tau & (J\,2)
\end{vmatrix} = 0.$$

Führt man weiter für den Index 2 die Abkürzungen

$$i\bar\sigma_2 = \sigma_2,\quad i\bar\delta_2 = \delta_2,$$

$$a_2 = \frac{-\bar\sigma_2\bar\delta_2 + 1}{\bar\sigma_2^2 - 1} = \frac{2}{\bar\sigma_2^2 - 1} = \bar a_2,\quad b_2 = -i\frac{\bar\sigma_2 + \bar\delta_2}{\bar\sigma_2^2 - 1} = i\,\bar b_2$$

ein und benützt die Relationen

$$i\cdot \mathrm{Sh}\,x = \sin(i x),\quad \mathrm{Ch}\,x = \cos(i x),$$

dann sieht man, daß die dritte Kolonne der Determinante rein imaginär und die letzte reell ist. Teilt man die dritte Kolonne durch i, so erhält die Gleichung genau die Form der Gl. (34).

(A. 10): Die Reihenentwicklungen der Gl. (35) sollen verifiziert werden.

Für σ_{12}^2 ist

$$\sigma_{12}^2 = 1 + \frac{\mu}{2} \pm \frac{\mu}{2}\sqrt{1+\frac{8}{\mu}} = 1 + \frac{\mu}{2} \pm \left(1 + \frac{4}{\mu} - \frac{8}{\mu^2} + \frac{32}{\mu^3} + \dots\right),$$

also

$$\sigma_1^2 = \mu + 3 + \dots,$$

$$\sigma_2^2 = -1 + \frac{4}{\mu} - \frac{16}{\mu^2} + \dots, \quad \bar{\sigma}_2^2 = 1 - \frac{4}{\mu} + \frac{16}{\mu^2} + \dots,$$

und daraus

$$\sigma_1 = \sqrt{\mu + 3 + \dots} = \sqrt{\mu}\sqrt{1 + \frac{3}{\mu} + \dots} = \sqrt{\mu}\left(1 + \frac{3}{2\mu} + \dots\right) = \frac{x}{\tau} + \frac{3\tau}{2x} + \dots,$$

$$\bar{\sigma}_2 = \sqrt{1 - \frac{4}{\mu} + \frac{16}{\mu^2} + \dots} = 1 - \frac{2}{\mu} + \frac{8}{\mu^2} - \frac{2}{\mu^2} = 1 - \frac{2}{\mu} + \frac{6}{\mu^2} = 1 - \frac{2\tau^2}{x^2} + \frac{6\tau^4}{x^4} + \dots$$

Für δ_1 und $\bar{\delta}_2$ erhält man

$$\delta_1 = \frac{1}{\sigma_1} = \frac{1}{\frac{x}{\tau} + \frac{3\tau}{2x} + \dots} = \frac{\tau}{x} - \frac{3\tau^3}{2x^3} + \dots,$$

$$\bar{\delta}_2 = -\frac{1}{\bar{\sigma}_2} = -\frac{1}{1 - \frac{2\tau^2}{x^2} + \frac{6\tau^4}{x^4} + \dots} = -1 - \frac{2\tau^2}{x^2} + \frac{2\tau^4}{x^4} + \dots$$

(A. 11): Die Gl. (36) ist aus Gl. (34) herzuleiten unter Benützung von Gl. (35).

Würde in allen Gliedern der Determinante nur das erste Glied der Reihenentwicklung mitgenommen werden, so würden die zweite und dritte Zeile gleich werden und die Determinante damit identisch verschwinden. In diesen beiden Zeilen müssen also auch Glieder höherer Ordnung berücksichtigt werden.

Aus Gl. (35) folgen die Reihenentwicklungen

$$\sin \sigma_1 \tau = \sin x + \frac{3\tau^2}{2x}\cos x + \dots, \quad \cos \sigma_1 \tau = \cos x - \frac{3\tau^2}{2x}\sin x + \dots,$$

$$\mathrm{Sh}\,\bar{\sigma}_2 \tau = \left(1 - \frac{2\tau^2}{x^2} + \frac{6\tau^4}{x^4}\right)\tau + \left(1 - \frac{6\tau^2}{x^2}\right)\frac{\tau^3}{3} + \frac{\tau^5}{120} + \dots,$$

$$\mathrm{Ch}\,\bar{\sigma}_2 \tau = 1 + \left(1 - \frac{4\tau^2}{x^2}\right)\frac{\tau^2}{2} + \frac{\tau^4}{24} + \dots,$$

$$a_1 = \frac{2}{\sigma_1^2 - 1} = \frac{2}{\frac{x^2}{\tau^2} + 3 - 1} = \frac{2\tau^2}{x^2} - \frac{4\tau^2}{x^4} + \dots,$$

$$b_1 = -\frac{\sigma_1 + \delta_1}{\sigma_1^2 - 1} = -\frac{\frac{x}{\tau} + \frac{5\tau}{2x} + \dots}{\frac{x^2}{\tau^2} + 2 + \dots} = -\frac{\tau}{x} - \frac{\tau^3}{2x^3} + \dots,$$

$$\bar{a}_2 = \frac{2}{-\bar{\sigma}_2^2 - 1} = \frac{2}{-2 + \frac{4\tau^2}{x^2} - \frac{16\tau^4}{x^4} + \dots} = -1 - \frac{2\tau^2}{x^2} + \frac{4\tau^4}{x^4} + \dots,$$

$$\bar{b}_2 = -\frac{\bar{\sigma}_2 + \bar{\delta}_2}{\bar{\sigma}_2^2 - 1} = \frac{\frac{2\tau^2}{x^2} - \frac{4\tau^4}{x^4} + \dots}{-1 + \frac{2\tau^2}{x^2} - \frac{8\tau^4}{x^4} + \dots} = -\frac{2\tau^2}{x^2} + 0\,(\tau^6).$$

Zur Abkürzung wird für die Determinante

$$\begin{vmatrix} a_{11} & a_{12} & a_{13} & a_{14} \\ a_{21} & a_{22} & a_{23} & a_{24} \\ a_{31} & a_{32} & a_{33} & a_{34} \\ a_{41} & a_{42} & a_{43} & a_{44} \end{vmatrix}$$

gesetzt, und die Glieder werden der Reihe nach berechnet.

$$a_{11} = \frac{2\tau^2}{x^2}\sin x - \frac{\tau^2}{x}\cos x - \frac{\tau^2}{x} = \frac{\tau^2}{x^2}(2\sin x - x\cos x - x),$$

$$a_{12} = \frac{2\tau^2}{x^2}(1-\cos x) - \frac{\tau^2}{x}\sin x = \frac{\tau^2}{x^2}(2 - 2\cos x - x\sin x),$$

$$a_{13} = \left(-1 - \frac{2\tau^2}{x^2}\right)\left(\tau - \frac{2\tau^3}{x^2} + \frac{\tau^3}{6}\right)\left(1 - \frac{\tau^2}{2}\right) - \frac{2\tau^3}{x^2} + \left(1 + \frac{2\tau^2}{x^2}\right)\tau = \frac{\tau^3}{3},$$

$$a_{14} = \left(-1 - \frac{2\tau^2}{x^2}\right)\left\{1 - \left[1 + \left(1 - \frac{4\tau^2}{x^2}\right)\frac{\tau^2}{2} + \frac{\tau^4}{24}\right]\left[1 - \frac{\tau^2}{2} + \frac{\tau^4}{24}\right]\right\} + \frac{2\tau^4}{x^2} = -\frac{\tau^4}{6},$$

$$a_{21} = \left(-\frac{\tau}{x} - \frac{\tau^3}{2x^3}\right)\left[1 - \left(\cos x - \frac{3\tau^2}{2x}\sin x\right)\left(1 - \frac{\tau^2}{2}\right)\right] + \frac{2\tau^3}{x^2}\sin x$$

$$= -\frac{\tau}{x}(1-\cos x) - \frac{\tau^3}{2x^3}(1-\cos x) - \frac{\tau^3}{2x}\cos x + \frac{\tau^3}{2x^2}\sin x,$$

$$a_{22} = \left(\frac{\tau}{x} + \frac{\tau^3}{2x^3}\right)\left(\sin x + \frac{3\tau^2}{2x}\cos x\right)\left(1 - \frac{\tau^2}{2}\right) - \frac{2\tau^3}{x^2}\cos x - \tau$$

$$= \frac{\tau}{x}\sin x - \tau + \left(\frac{\tau^3}{2x^3} - \frac{\tau^3}{2x}\right)\sin x - \frac{\tau^3}{2x^2}\cos x,$$

$$a_{23} = -\frac{2\tau^2}{x^2}\left[1 - \left(1 + \frac{\tau^2}{2}\right)\left(1 - \frac{\tau^2}{2}\right)\right] - \left(1 + \frac{2\tau^2}{x^2}\right)\left[\left(1 - \frac{2\tau^2}{x^2}\right)\tau + \frac{\tau^3}{6}\right]\left(\tau - \frac{\tau^3}{6}\right)$$

$$= -\tau^2 + \frac{\tau^4}{6} + \frac{2\tau^4}{x^2} - \frac{\tau^4}{6} - \frac{2\tau^4}{x^2} = -\tau^2 + 0(\tau^6),$$

$$a_{24} = -\frac{2\tau^2}{x^2}\left(1 - \frac{\tau^2}{2}\right)\left[\left(1 - \frac{2\tau^2}{x^2}\right)\tau + \frac{\tau^3}{6}\right] + \left(1 + \frac{2\tau^2}{x^2} - \frac{4\tau^4}{x^4}\right)\cdot$$

$$\cdot\left[1 + \left(1 - \frac{4\tau^2}{x^2}\right)\frac{\tau^2}{2} + \frac{\tau^4}{24}\right]\left(\tau - \frac{\tau^3}{6} + \frac{\tau^5}{120}\right) - \tau = \frac{\tau^3}{3} - \frac{2\tau^5}{3x^2} - \frac{\tau^5}{30},$$

$$a_{31} = \left(\frac{\tau}{x} - \frac{3\tau^3}{2x^3}\right)\left(\cos x - \frac{3\tau^2}{2x}\sin x - 1 + \frac{\tau^2}{2}\right)$$

$$= -\frac{\tau}{x}(1-\cos x) + \frac{3\tau^3}{2x^3}(1-\cos x) - \frac{3\tau^3}{2x^2}\sin x + \frac{\tau^3}{2x},$$

$$a_{32} = \left(\frac{\tau}{x} - \frac{3\tau^3}{2x^3}\right)\left(\sin x + \frac{3\tau^2}{2x}\cos x\right) - \tau + \frac{\tau^3}{6}$$

$$= \frac{\tau}{x}\sin x - \tau + \frac{3\tau^3}{2x^2}\cos x - \frac{3\tau^3}{2x^3}\sin x + \frac{\tau^3}{6},$$

$$a_{33} = \left(-1 - \frac{2\tau^2}{x^2}\right)\left[1 + \left(1 - \frac{4\tau^2}{x^2}\right)\frac{\tau^2}{2} + \frac{\tau^4}{24} - 1 + \frac{\tau^2}{2} - \frac{\tau^4}{24}\right]$$

$$= \left(-1 - \frac{2\tau^2}{x^2}\right)\left(\tau^2 - \frac{2\tau^4}{x^2}\right) = -\tau^2 + 0(\tau^6),$$

$$a_{34} = \left(1 + \frac{2\tau^2}{x^2} - \frac{2\tau^4}{x^4}\right)\left[\left(1 - \frac{2\tau^2}{x^2} + \frac{6\tau^4}{x^4}\right)\tau + \left(1 - \frac{6\tau^2}{x^2}\right)\frac{\tau^3}{6} + \frac{\tau^5}{120}\right] - \tau + \frac{\tau^3}{6} - \frac{\tau^5}{120}$$

$$= \frac{\tau^3}{3} - \frac{2\tau^5}{3x^2},$$

$$a_{41} = \sin x - \frac{\tau^2}{x} = \sin x,$$

$$a_{42} = -\cos x + 1,$$

$$a_{43} = \tau + \tau = 2\tau,$$

$$a_{44} = -1 - \frac{\tau^2}{2} + 1 - \frac{\tau^2}{2} = -\tau^2.$$

Setzt man diese Ausdrücke in die Determinante ein und vermindert zugleich die zweite Zeile um die dritte, so lautet die Gleichung

$$\begin{vmatrix} \frac{\tau^2}{x^2}(2\sin x - x\cos x - x) & \frac{\tau^2}{x^2}(2 - 2\cos x - x\sin x) & \frac{\tau^3}{3} & -\frac{\tau^4}{6} \\ \begin{matrix} -\frac{\tau^3}{2x^3}[4(1-\cos x) - \\ -4x\sin x + x^2(1+\cos x)] \end{matrix} & \frac{\tau^3}{6x^3}[(12-3x^2)\sin x - 12x\cos x - x^3] & 0(\tau^6) & -\frac{\tau^5}{30} \\ -\frac{\tau}{x}(1-\cos x) & -\frac{\tau}{x}(x - \sin x) & -\tau^2 & \frac{\tau^3}{3} \\ \sin x & 1 - \cos x & 2\tau & -\tau^2 \end{vmatrix} = 0.$$

Nun multipliziert man die

1. Zeile mit	$\frac{x^2}{\tau^2}$	1. Kolonne mit	1,
2. „ „	$\frac{2x^3}{\tau^3}$	2. „ „	1,
3. „ „	$\frac{x}{\tau}$	3. „ „	$\frac{3}{\tau}$,
4. „ „	1	4. „ „	$-\frac{30}{\tau^2}$,

dann heißt die Gleichung

$$\begin{vmatrix} 2\sin x - x\cos x - x & 2 - 2\cos x - x\sin x & x^2 & 5x^2 \\ \begin{matrix} -4(1-\cos x) + 4x\sin x - \\ -x^2(1+\cos x) \end{matrix} & \frac{1}{3}[(12-3x^2)\sin x - 12x\cos x - x^3] & 0 & 2x^3 \\ -(1-\cos x) & -(x-\sin x) & -3x & -10x \\ \sin x & 1-\cos x & 6 & 30 \end{vmatrix} = 0.$$

Nun subtrahiere man von der 4. Kolonne das Fünffache der 3. Kolonne und teile hernach die 4. Kolonne durch x. Dann ist

$$\begin{vmatrix} 2\sin x - x\cos x - x & 2 - 2\cos x - x\sin x & x^2 & 0 \\ -4(1-\cos x) + 4x\sin x - x^2(1+\cos x) & (4-x^2)\sin x - 4x\cos x - \frac{x^3}{3} & 0 & 2x^2 \\ -(1-\cos x) & -x + \sin x & -3x & 5 \\ \sin x & 1-\cos x & 6 & 0 \end{vmatrix} = 0.$$

Zu der mit -1 multiplizierten ersten Zeile addiere man das Doppelte der vierten Zeile. Die zweite Zeile multipliziere man mit 5 und subtrahiere von ihr die mit $2x^2$ multiplizierte dritte Zeile. Dann ist

$$\begin{vmatrix} x\cos x + x & x\sin x & -x^2 + 12 & 0 \\ \left\{\begin{matrix} -20(1-\cos x) + 20x\sin x \\ -5x^2(1+\cos x) + 2x^2(1-\cos x) \end{matrix}\right. & \left.\begin{matrix} 5(4-x^2)\sin x - 20x\cos x \\ -\frac{5}{3}x^3 + 2x^2(x-\sin x) \end{matrix}\right\} & 6x^3 & 0 \\ -(1-\cos x) & -x + \sin x & -3x & 5 \\ \sin x & 1-\cos x & 6 & 0 \end{vmatrix} = 0.$$

Nun kann man die dritte Zeile und die vierte Kolonne weglassen. Dann ist

$$\begin{vmatrix} x\cos x + x & x\sin x & -x^2 + 12 \\ (20-7x^2)\cos x - 20 + 20x\sin x - 3x^2 & \frac{x^3}{3} - 20x\cos x + (20-7x^2)\sin x & 6x^3 \\ \sin x & 1-\cos x & 6 \end{vmatrix} = 0.$$

Nun teile man die erste Zeile durch x und subtrahiere von der zweiten das $20\,x$-fache der dritten. Dann ist nach Multiplikation der dritten Kolonne mit x

$$\begin{vmatrix} 1 + \cos x & \sin x & -x^2 + 12 \\ (20 - 7\,x^2)\cos x - 3\,x^2 - 20 & (20 - 7\,x^2)\sin x + \frac{x^3}{3} - 20\,x & 6\,x^4 - 120\,x^2 \\ \sin x & 1 - \cos x & 6\,x \end{vmatrix} = 0.$$

Das Glied a_{23} der Determinante kann durch Null ersetzt werden, da seine zugehörige Nebenunterdeterminante Null ist. Subtrahiert man von der zweiten Zeile das $(20 - 7\,x^2)$-fache der ersten und multipliziert sie nachher noch mit -1, so ist

$$\begin{vmatrix} 1 + \cos x & \sin x & -x^2 + 12 \\ 40 - 4\,x^2 & 20\,x - \frac{x^3}{3} & 0 \\ \sin x & 1 - \cos x & 6\,x \end{vmatrix} = 0.$$

Nun führt man halbe Winkel ein gemäß den Formeln

$$1 + \cos x = 2 \cdot \cos^2 (x/2),$$
$$1 - \cos x = 2 \cdot \sin^2 (x/2),$$
$$\sin x = 2 \cdot \sin (x/2) \cdot \cos (x/2)$$

und multipliziert die zweite Zeile mit 3, dann erhält man

$$\begin{vmatrix} 2\cos^2 \frac{x}{2} & 2 \sin \frac{x}{2} \cos \frac{x}{2} & -x^2 + 12 \\ 12\,(10 - x^2) & 60\,x - x^3 & 0 \\ 2 \sin \frac{x}{2} \cos \frac{x}{2} & 2 \sin^2 \frac{x}{2} & 6\,x \end{vmatrix} = 0.$$

Nun teile man die letzte Zeile noch durch 2 und die erste und letzte durch $\cos^2 (x/2)$. Wenn man die letzte Kolonne noch mit $\cos^2 (x/2)$ multipliziert, lautet die Gleichung

$$\begin{vmatrix} 2 & 2 \operatorname{tg} \frac{x}{2} & 12 - x^2 \\ 12\,(10 - x^2) & 60\,x - x^3 & 0 \\ \operatorname{tg} \frac{x}{2} & \operatorname{tg}^2 \frac{x}{2} & 3\,x \end{vmatrix} = 0.$$

Entwickelt man diese Determinante nach der zweiten Zeile, so erhält man die Gleichung

$$\left[- 12\,(10 - x^2) \operatorname{tg} \frac{x}{2} + 60\,x - x^3\right] \cdot \left[6\,x - (12 - x^2) \operatorname{tg} \frac{x}{2}\right] = 0,$$

woraus die Gleichung unmittelbar folgt.

(A. 12): Es ist zu zeigen, daß das kleinste x, welches ein $k \geqq 1$ ergibt, den zweiten Faktor annulliert.

Der Nachweis erfolgt am einfachsten graphisch. In der Abb. 14 sind graphisch dargestellt im Intervall $x = 2\,\pi$ bis $x = 4\,\pi$ die Funktionen

$$y = \operatorname{tg} \frac{x}{2}, \quad y_1 = \frac{60\,x - x^3}{12\,(10 - x^2)}, \quad y_2 = \frac{6\,x}{12 - x^2}.$$

Für $x \geqq 2\,\pi$ ist $k \geqq 1$.

Aus der Abb. 14 wird die Richtigkeit der Behauptung unmittelbar klar.

(A. 13): Aus den Gl. (24) mit Gl. (30) und Gl. (38) die Gl. (39) herzuleiten.

Aus den Randbedingungen

$$v_u\,(0) = v_v\,(0) = 0$$

folgt aus Gl. (15)

$$a_2 = -a_1, \quad b_2 = -b_1.$$

Aus der Randbedingung

$$v_u\,(\tau) = 0$$

erhält man damit

$$b_1 = -\frac{\cos \sigma_1 \tau - \cos \sigma_2 \tau}{\delta_1 \sin \sigma_1 \tau - \delta_2 \sin \sigma_2 \tau} \cdot a_1.$$

Setzt man die Ausdrücke der Gl. (30) ein, so wird daraus

$$b_1 = \frac{2 \sin \frac{\sigma_1 + \sigma_2}{2} \tau \cdot \sin \frac{\sigma_1 - \sigma_2}{2} \tau}{2 \cos \frac{\sigma_1 + \sigma_2}{2} \tau \cdot \sin \frac{\sigma_1 - \sigma_2}{2} \tau + 0\,(N_1)} \cdot a_1 = \operatorname{tg} \tau \cdot a_1 + 0\,(N_1).$$

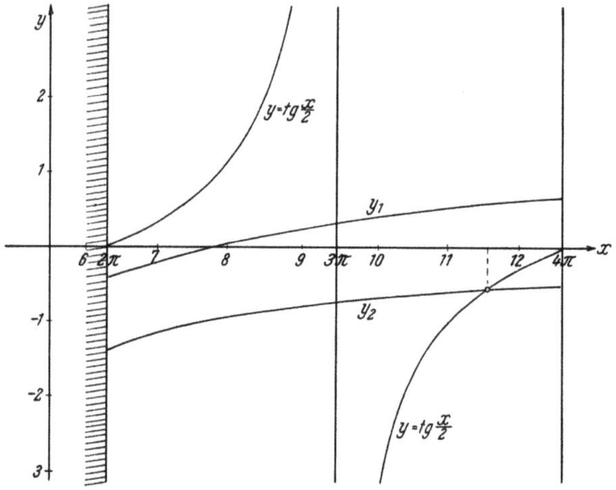

Abb. 14.

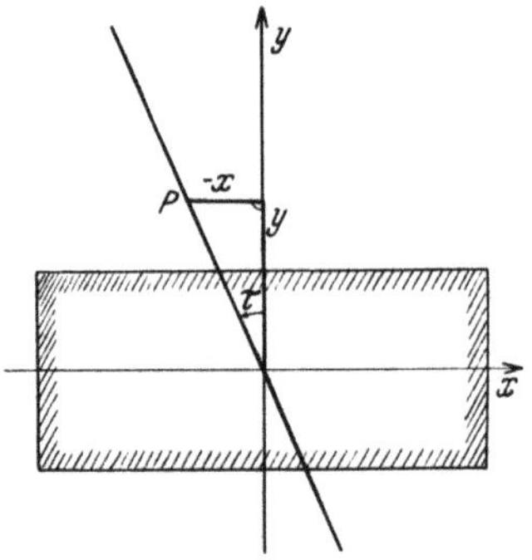

Abb. 15.

Die Gl. (24) lauten dann, wenn man noch

$$L = \frac{1}{2} \, \frac{\lambda - 1}{\lambda + 1}$$

setzt und

$$\frac{\delta_{12} - 1}{\sigma_{12} + 1} = L\,N_{12} + \ldots, \quad \frac{\delta_{12} + 1}{\sigma_{12} - 1} = \frac{2}{N_{12}} + \ldots, \quad N_2 = -N_1$$

berücksichtigt,

$$x = a_1 \left(L\,N_1 \sin (2 + N_1)\,t + \frac{2}{N_1} \sin N_1 t \right) + b_1 \left(L\,N_1 [1 - \cos (2 + N_1)\,t] + \frac{2}{N_1} (1 - \cos N_1 t) \right) -$$

$$- a_1 \left(- L\,N_1 \sin (2 - N_1)\,t + \frac{2}{N_1} \sin N_1 t \right) - b_1 \left(- L\,N_1 [1 - \cos (2 - N_1)\,t] - \frac{2}{N_1} (1 - \cos N_1 t) \right),$$

$$y = a_1 \left(L\,N_1 [1 - \cos (2 + N_1)\,t] - \frac{2}{N_1} (1 - \cos N_1 t) \right) + b_1 \left(- L\,N_1 \sin (2 + N_1)\,t + \frac{2}{N_1} \sin N_1 t \right) -$$

$$- a_1 \left(- L\,N_1 [1 - \cos (2 - N_1)\,t] + \frac{2}{N_1} (1 - \cos N_1 t) \right) - b_1 \left(L\,N_1 \sin (2 - N_1)\,t + \frac{2}{N_1} \sin N_1 t \right).$$

Berücksichtigt man nur die maßgebenden Glieder der Reihenentwicklung und drückt b_1 durch a_1 aus, dann lauten die Gleichungen

$$x = a_1 \cdot \operatorname{tg} \tau \cdot \frac{4}{N_1} (1 - \cos N_1 t),$$

$$y = - a_1 \cdot \frac{4}{N_1} (1 - \cos N_1 t).$$

Berücksichtigt man noch Gl. (38) und multipliziert x und y (x und y sind nur bis auf einen gemeinsamen Faktor bestimmt) mit der von t unabhängigen Größe

$$\frac{N_1 \cos \tau}{4\,a_1},$$

so folgt sofort Gl. (39).

(A. 14): Es ist zu zeigen, daß die Ebene, in der die elastische Linie mit den Gl. (39) liegt, gegenüber derjenigen des unverwundenen Stabes um den Winkel τ im Gegenuhrzeigersinn gedreht ist.

α ist die Biegesteifigkeit bezüglich der x-Achse und β die der y-Achse. Da $\alpha \leqq \beta$ vorausgesetzt ist (s. Abschn. II/2), ist die $(y\,z)$-Ebene die Ebene der Knicklinie des unverwundenen Stabes. Aus der Abb. 15 folgt

$$\operatorname{tg} \tau = -\frac{x}{y}.$$

Diese Beziehung folgt aber auch aus Gl. (39). Damit ist die Behauptung bewiesen.

(Eingegangen am 18. Juni 1955.)

MIX
Papier aus verantwortungsvollen Quellen
Paper from responsible sources
FSC® C105338

If you have any concerns about our products,
you can contact us on
ProductSafety@springernature.com

In case Publisher is established outside the EU,
the EU authorized representative is:
Springer Nature Customer Service Center GmbH
Europaplatz 3, 69115 Heidelberg, Germany

Printed by Libri Plureos GmbH
in Hamburg, Germany